改正
動力プレス機械・安全装置構造規格等の解説

中央労働災害防止協会

はじめに

プレス機械による労働災害は、本質安全化の推進、適正な特定自主検査の実施等により着実な減少を続けているものの、サーボ機構を備えたプレス機械及びプレスブレーキの安全対策等が確立されていないことや、今なお危険なプレス機械が使用されていることなどへの対応が求められてきたところである。

厚生労働省では、このような状況を踏まえ危険なプレス機械への対応や安全技術の進展への対応、国際的な規格との整合を図るため、労働安全衛生規則の改正のほか動力プレス機械・安全装置構造規格の改正を平成23年1月12日に告示し、同年7月1日に施行した。

本解説書は、プレス機械を使用するユーザー、プレス機械メーカー及び特定自主検査業者等の方々にプレス機械・安全装置構造規格の改正内容をご理解していただくものとして取りまとめたものであり、プレス機械による労働災害防止対策の推進の一助にしていただきたい。

平成24年2月

中央労働災害防止協会

『凡　例』

本解説書は、動力プレス機械・安全装置構造規格の条文ごとに改正された箇所をアンダーラインで示し、また（改正内容）及び改正の【留意点】について記載した。

本解説書の中の『参考図』は編者により追記したものである。

出　典
- 労働安全衛生規則の一部を改正する省令　厚生労働省令第3号 H23.1.12
- 労働安全衛生規則の一部を改正する省令の施行等について　基発0218第2号 H23.2.18
- 動力プレス機械構造規格の一部を改正する件　厚生労働省告示第4号 H23.1.12
- プレス機械又はシャーの安全装置構造規格の一部を改正する件　厚生労働省告示第5号 H23.1.12
- 動力プレス機械構造規格の一部を改正する件及びプレス機械又はシャーの安全装置構造規格の一部を改正する件の適用について　基発0218第3号 H23.2.18

目　　次

I　動力プレス機械構造規格

Ⅱ　プレス機械又はシャーの安全装置構造規格

Ⅰ　動力プレス機械構造規格

第１章　構造及び機能

一行程一停止機構

第１条　労働安全衛生法別表第２第十一号の動力により駆動されるプレス機械（以下「動力プレス」という。）は、一行程一停止機構を有するものでなければならない。ただし、身体の一部が危険限界に入らない構造の動力プレスにあっては、この限りでない。

（改正内容）身体の一部が危険限界に入らない構造の動力プレスにあっては、この規定を適用しないこととしたこと。

【留意点】

ア　「一行程一停止機構」とは、スライドを作動させるための押しボタン等の操作部を操作し続けてもスライドが一行程で停止し、再起動しない機構をいうこと。

イ　「身体の一部が危険限界に入らない構造」とは、ストローク長さが６ミリメートル以下のもの、身体の一部が危険限界に入らないよう危険限界の周囲に安全囲いが設けられているもの等の構造をいうこと。

急停止機構

第２条　動力プレスは、急停止機構を有するものでなければならない。ただし、次の各号に掲げる動力プレスにあっては、この限りでない。

一　身体の一部が危険限界に入らない構造の動力プレス

二　第37条のインターロックガード式の安全プレス（同条第二号ただし書の構造のものを除く。）

２　急停止機構を有する動力プレスは、当該急停止機構が作動した場合は再起動操作をしなければスライドが作動しない構造のものでなければならない。

（改正内容）身体の一部が危険限界に入らない構造の動力プレスにあっては、この規定を適用しないこととしたこと。

【留意点】

ア 「急停止機構」とは、危険その他の異常な状態が検出された場合に、検出機構からの信号によって、動力プレスを使用して作業する労働者（以下「プレス作業者」という。）等の意思にかかわらずスライドの作動を停止させる機構をいうこと。なお、急停止機構には、スライドが下降するものにあっては、スライドを急上昇させる装置が含まれること。

イ　急停止機構を有しないポジティブクラッチプレスについては、第１項各号に適合するものでなければならないものであること。

ウ　第37条に規定するインターロックガード式の安全プレスのうち、ガードを開けてから身体の一部が危険限界に達するまでの間にスライドの作動を停止することができるものは、急停止機構を有することが必要なものであること。

非常停止装置

第３条　急停止機構を有する動力プレスは、非常時に即時にスライドの作動を停止することができる装置（以下「非常停止装置」という。）を備え、かつ、当該非常停止装置が作動した場合はスライドを始動の状態にもどした後でなければスライドが作動しない構造のものでなければならない。

【留意点】

ア 「非常停止装置」とは、危険限界に身体の一部が入っている場合、金型が破損した場合その他異常な状態を発見した場合において、プレス作業者が意識してスライドの作動を停止させるための装置をいうこと。

イ 「始動の状態にもどした後」とは、スライドの位置を寸動で始動の位置にした後をいうこと。

非常停止装置の操作部

第４条　非常停止装置の操作部は、次の各号に定めるところに適合するものでなければならない。

一　赤色で、かつ、容易に操作できるものであること。

二　操作ステーションごとに備えられ、かつ、アプライトがある場合にあっては当該アプライトの前面及び後面に備えられているものであること。

（改正内容）突頭型の押しボタンに限定されていた非常停止装置の操作部について、容易に操作できるものであれば認めることとしたこと。

【留意点】

ア　非常停止装置の操作部には、押しボタン式のほか、コード式及びレバー式が含まれること。

イ　第一号の「容易に操作できるもの」とは、例えば、押しボタンにあっては、突頭型のものがあること。

ウ　第二号の「操作ステーション」とは、当該動力プレスを操作する作業者が位置する場所をいうこと。

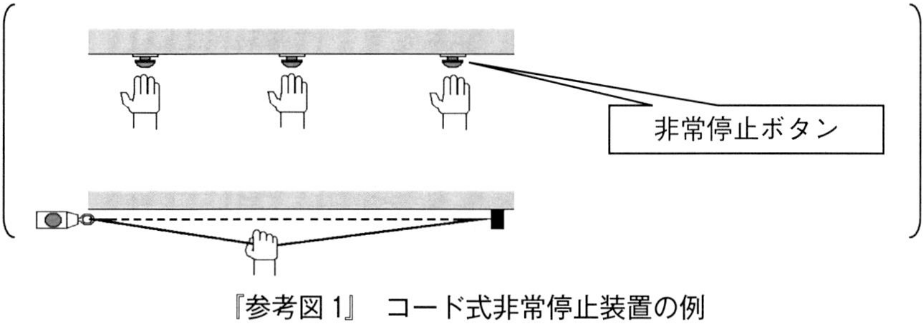

『参考図 1』　コード式非常停止装置の例

寸動機構

第５条　急停止機構を有する動力プレスは、寸動機構を有するものでなければならない。

【留意点】

「寸動機構」とは、スライドを作動させるための操作部を操作している間のみ、スライドが作動し、当該操作部から手を離すと直ちにスライドの作動が停止するものをいうこと。

安全ブロック等

第6条　動力プレスは、スライドが不意に下降することを防止することができる安全ブロック又はスライドを固定する装置（以下「安全ブロック等」という。）を備え、かつ、当該安全ブロック等の使用中はスライドを作動させることができないようにするためのインターロック機構を有するものでなければならない。

2　安全ブロック等は、スライド及び上型の自重を支えることができるものでなければならない。

（改正内容）動力プレスに備えるべきものとして、安全ブロックに代えてスライドを固定する装置を認めるとともに、これらの要件として、スライド及び上型の自重を支えることができるものでなければならないこととしたこと。

【留意点】

ア「安全ブロック」とは、動力プレスの金型の取付け、取外し等の作業において、身体の一部を危険限界に入れる必要がある場合に、当該動力プレスの故障等によりスライドが不意に下降することのないように上型と下型の間又はスライドとボルスターの間に挿入する支え棒をいうものであること。

イ　第1項の「スライドを固定する装置」には、機械的にスライドを固定することができるロッキング装置、クランプ装置等があること。

プレスの起動時等の危険防止

第７条　動力プレスは、その電源を入れた後、当該動力プレスのスライドを作動させるための操作部を操作しなければスライドが作動しない構造のものでなければならない。

２　動力プレスのスライドを作動させるための操作部は、接触等によりスライドが不意に作動することを防止することができる構造のものでなければならない。

３　連続行程を備える動力プレスは、行程の切替えスイッチの誤操作によって意図に反した連続行程によるスライドの作動を防止することができる機能を有するものでなければならない。ただし、身体の一部が危険限界に入らない構造の動力プレスにあっては、この限りでない。

（改正内容）動力プレスの起動時等の危険防止のため､次の事項を定めたこと。

ア　動力プレスは、その電源を入れた後、当該動力プレスのスライドを作動させるための操作部を操作しなければスライドが作動しない構造のものでなければならないこと。

イ　動力プレスのスライドを作動させるための操作部は、接触等によりスライドが不意に作動することを防止することができる構造のものでなければならないこと。

ウ　連続行程を備える動力プレスは、行程の切替えスイッチの誤操作によって意図に反した連続行程によるスライドの作動を防止することができる機能を有しなければならないこと。

【留意点】

ア　第１項は、電源スイッチを入れた後、不意にスライドが作動することによる危険を防止するため、スライドの作動はスライドを作動させるための操作部を操作することを要件とするものであること。

イ　第１項の「スライドを作動させるための操作部」とは、スライドを作動させるものとして、押しボタン、操作レバーのほか、光電式スイッチ等の非機械式スイッチ等があること。

ウ　第１項は、材料を自動供給するものであって、金型内に材料があることを感知して起動信号を発信し、スライドを作動させる方式の動力プレスについては、動力プレスの電源を入れただけで自動的にスライドが作動することなく、起動操作をすることによりスライドが作動する構造のものとすること。

エ　第２項の構造としては、スライドを作動させるための操作部の種類に応じ、例えば、それぞれ次の各号に適合するものがあること。

（ア）押しボタンは、覆いを備えるもの又はボタンの表面がケースの表面若しくはボタンの周囲に備わるガードリングの先端から突出せず、かつ、くぼんでいるもの。

（イ）フートスイッチ又はペダルは、覆いを備え、かつ、一方向から操作する構造のもの。

（ウ）光電式等の非機械式スイッチは、覆い等を備えているもの。

オ　第２項の「接触等」の「等」には、スライドを作動させるための操作部の操作が非接触によるものを意図せず操作することが含まれること。

カ　第３項の「意図に反した連続行程によるスライドの作動を防止することができる機能」としては、例えば、次のものがあること。

（ア）切替えスイッチにより連続行程に切り替えた後、スライドを作動させるための操作部を操作するだけでは直ちに連続運転を開始しないようセットアップ用のスイッチを設け、当該スイッチを押した後、限定された時間内に当該操作部を操作することにより連続運転を可能とするもの。

（イ）切替えスイッチを連続行程に切り替えた後、スライドを作動させるための操作部を定められた時間において操作し続けることにより、連続運転を可能とするもの。

切替えスイッチ

第８条　動力プレスに備える行程の切替えスイッチ及び操作の切替えスイッチは、次の各号に定めるところに適合するものでなければならない。ただし、第一号の規定は、第36条第２項に規定する切替えスイッチについては、適用しない。

一　キーにより切り替える方式のもので、当該キーをそれぞれの切替え位置で抜き取ることができるものであること。

二　それぞれの切替え位置で確実に保持されるものであること。

三　行程の種類及び操作の方法が明示されているものであること。

【留意点】

ア「行程の切替え」とは、連続行程、一行程、安全一行程、寸動行程等の行程の切替えをいうこと。

イ「操作の切替え」とは、両手操作から片手操作への切り替え等の操作の切替えをいうこと。

ウ　第一号に規定する切替えスイッチのキーは、切替え位置において抜き取る方式のものであることを示したものであるが、安全プレスに設ける切替えスイッチは、それぞれの切替え位置において安全が確保できることから、キーを設ける必要がないものであること。

エ　第二号の「確実に保持されるもの」には、クリックストップ式のものが含まれること。

オ　第三号の「明示」とは、文字を見易く表示するなどプレス作業者がその状態を容易に判断できる方法により行うものであること。

第２章　電気系統

表示ランプ等

第９条　動力プレスは、運転可能の状態を示すランプ等を備えているものでなければならない。

【留意点】

「ランプ等」の「等」には、機械的なマーク表示方法が含まれること。

防振措置

第10条　動力プレスのリレー、トランジスター等の電気部品の取付け部又は制御盤及び操作盤と動力プレスの本体との取付け部は、防振措置が講じられているものでなければならない。

【留意点】

ア　「リレー、トランジスター等」の「等」には、コンデンサー、抵抗器等が含まれること。

イ　「防振措置」とは、緩衝材を使用する等の措置をいうこと。

電気回路

第11条　動力プレスの主電動機の駆動用電気回路は、停電後通電が開始されたときには再起動操作をしなければ主電動機が駆動しないものでなければならない。ただし、身体の一部が危険限界に入らない構造の動力プレスにあっては、この限りでない。

２　動力プレスの制御用電気回路及び操作用電気回路は、リレー、リミットスイッチ等の電気部品の故障、停電等によりスライドが誤作動するおそれのないものでなければならない。ただし、身体の一部が危険限界に入らない構造の動力プレスにあっては、この限りでない。

（改正内容）動力プレスについては、スライドが不意に作動する危険を防止するだけでなく、作動中のスライドが停止しないといった危険も防止することが必要であることから、誤作動するおそれのないことを要件としたこと。

【留意点】

ア　第２項の「制御用電気回路」とは、スライドの作動を直接制御する電気回路、「操作用電気回路」とは、制御盤及び操作盤におけるプレス操作用のみの電気回路をいうこと。

イ　第２項の「停電等」の「等」には、電圧降下が含まれること。

ウ　第２項の「スライドが誤作動」には、不意にスライドが作動することだけでなく、作動中のスライドを停止させることができないことも含まれること。

エ　第２項の「電気部品の故障、停電等によりスライドが誤作動するおそれのないもの」とは、次のいずれにも適合するものであること。

（ア）故障、停電等の場合にこれを検出して、スライドの作動を停止させるため、電気回路又は部品の冗長化等の対策が講じられたもの。

（イ）電気回路の地絡によりスライドが誤作動するおそれがないよう、電気回路に地絡が生じたときに作動するヒューズ、漏電遮断器を設置する等の措置が講じられたもの。

操作用電気回路の電圧

第12条　動力プレスの操作用電気回路の電圧は、150ボルト以下でなければならない。

外部電線

第13条　動力プレスに使用する外部電線は、日本工業規格Ｃ3312（600Ｖビニル絶縁ビニルキャブタイヤケーブル）に定める規格に適合するビニルキャブタイヤケーブル又はこれと同等以上の絶縁効力、耐油性、強度及び耐久性を有するものでなければならない。

【留意点】

ア　「外部電線」とは、操作盤と操作スタンドとの間等の電気機器の相互を接続する電気配線をいうこと。

イ　「同等以上の絶縁効力、耐油性、強度及び耐久性を有するもの」には、金属製電線管、金属製可とう電線管又は耐油性のある樹脂製可とう電線管に納められたものが含まれること。

主要な電気部品

第14条　動力プレスの制御用電気回路及び操作用電気回路のリレー、リミットスイッチその他の主要な電気部品は、当該動力プレスの機能を確保するための十分な強度及び寿命を有するものでなければならない。

２　動力プレスに設けるリミットスイッチ等は、不意の接触等を防止し、かつ、容易にその位置を変更できない措置が講じられているものでなければならない。

（改正内容）動力プレスの制御用電気回路及び操作用電気回路の主要な電気部品について、動力プレスの機能を確保するため十分な強度及び寿命を有するものでなければならないものとし、また、動力プレスに設けるリミットスイッチ等は、不意の接触等を防止し、かつ、容易にその位置を変更できない措置が講じられているものでなければならないこととしたこと。

【留意点】

ア　第１項の「その他の主要な電気部品」には、トランジスター、近接スイッチ等が含まれること。

イ　第１項の「十分な強度及び寿命を有するもの」には、例えば、負荷容量に十分な余裕があり、かつ、継続的な使用に対して十分に耐え得る電気部品を選択することが含まれること。

ウ　第２項において、動力プレスに設けるリミットスイッチ等には、例えば、スライド、インターロックガード、安全ブロック等の位置の検出を行うものが含まれること。

エ　第２項の「リミットスイッチ等」の「等」には、非接触型の近接スイッチが含まれること。

オ　第２項の措置としては、例えば、覆いを設け、リミットスイッチ等を専用工具が必要なネジを用いて取り付けることが含まれること。

電気回路の収納箱等

第15条　動力プレスの制御用電気回路及び操作用電気回路が収納されている箱は、水、油若しくは粉じんの侵入又は外力によりこれらの電気回路の機能に障害を生ずるおそれのない構造のものでなければならない。

２　前項の箱から露出している充電部分は、絶縁覆いが設けられているものでなければならない。

（改正内容）動力プレスの制御用電気回路及び操作用電気回路が収納されている箱については、水、油若しくは粉じんの侵入又は外力によりこれらの電気回路の機能に障害を生ずるおそれのない構造とするとともに、当該箱から露出している充電部分は、絶縁覆いが設けられているものでなければならないこととしたこと。

【留意点】

ア　第１項の水、油又は粉じんの侵入により電気回路の機能に障害を生ずるおそれがない構造としては、例えば、動力プレスの用途等に応じた日本工業規格 C0920（電気機械器具の外郭による保護等級（IP コード））に定める構造のものが含まれること。

イ　第１項の外力により「電気回路の機能に障害を生ずるおそれのない構造」とは、例えば、加工物との接触等に対する十分な強度を有するものであること。

第3章　機械系統

ばね

第16条　動力プレスに使用するばねであってその破損、脱落等によってスライドが誤作動するおそれのあるものは、次の各号に定めるところに適合するものでなければならない。
一　圧縮型のものであること。
二　ロッド、パイプ等に案内されるものであること。

（改正内容）動力プレスについては、スライドが不意に作動する危険を防止するだけでなく、作動中のスライドが停止しないといった危険も防止することが必要であることから、誤作動するおそれのないことを要件としたこと。

【留意点】

ア　「破損、脱落等」の「等」には、へたり（ばねの劣化）が含まれること。

イ　第二号の「ロッド、パイプ等に案内される」とは、ばねの内側にロッドを通し、パイプの中にばねを入れる等、当該ばねが円滑に圧縮されたり、押し戻したりすることができるようにすることをいうこと。

ボルト等

第17条　動力プレスに使用するボルト、ナット等であってその緩みによってスライドの誤作動、部品の脱落等のおそれのあるものは、緩み止めが施されているものでなければならない。
2　動力プレスに使用するピンであってその抜けによってスライドの誤作動、部品の脱落等のおそれのあるものは、抜け止めが施されているものでなければならない。

【留意点】
第１項の「緩み止め」には、ばね座金が含まれること。

ストローク数

第18条　機械プレスのストローク数は、次の表の上欄（編注：左欄）に掲げる機械プレスの種類及び同表の中欄に掲げる圧力能力に応じて、それぞれ同表の下欄（編注：右欄）に掲げるストローク数以下でなければならない。

機械プレスの種類	圧力能力（単位キロニュートン）	ストローク数（単位 毎分ストローク数）
スライディングピンクラッチ付きプレス（以下「ピンクラッチプレス」という。	200以下	150
	200を超え300以下	120
	300を超え500以下	100
	500を超えるもの	50
ローリングキークラッチ付きプレス（以下「キークラッチプレス」という。）	200以下	300
	200を超え300以下	220
	300を超え500以下	150
	500を超えるもの	100

【留意点】
ア 「スライディングピンクラッチ」とは、ポジティブクラッチの一種で、フライホイール又はメインギヤーとクランクシャフト間のクラッチの掛け外しをクラッチピンの着脱により行うものをいうこと。
イ 「ローリングキークラッチ」とは、ポジティブクラッチの一種で、フライホイール又はメインギヤーとクランクシャフト間のクラッチの掛け外しを転動するキーの起伏により行うものをいうこと。

クラッチの材料

第19条　クラッチの材料は、次の表の上欄（編注：左欄）に掲げる機械プレスの種類及び同表の中欄に掲げるクラッチの構成部分に応じて、それぞれ同表の下欄（編注：右欄）に掲げる鋼材でなければならない。

機械プレスの種類	クラッチの構成部分	鋼　材
ピンクラッチプレス	クラッチピン	日本工業規格G4102（ニッケルクロム鋼鋼材）に定める2種の規格に適合する鋼材
	クラッチ作動用カム	日本工業規格G4401（炭素工具鋼鋼材）に定める4種若しくは5種の規格に適合する鋼材又は日本工業規格G4105（クロムモリブデン鋼鋼材）に定める3種の規格に適合する鋼材
	クラッチピン当て金	日本工業規格G4404（合金工具鋼鋼材）に定めるS44種の規格に適合する鋼材又は日本工業規格G4105（クロムモリブデン鋼鋼材）に定める3種の規格に適合する鋼材
キークラッチプレス	内側のクラッチリング	日本工業規格G4102（ニッケルクロム鋼鋼材）に定める21種の規格に適合する鋼材又は日本工業規格G4051（機械構造用炭素鋼鋼材）に定めるS40C、S43C若しくはS45Cの規格に適合する鋼材
	中央のクラッチリング	日本工業規格G4102（ニッケルクロム鋼鋼材）に定める21種の規格に適合する鋼材
	外側のクラッチリング	日本工業規格G4051（機械構造用炭素鋼鋼材）に定めるS40C、S43C又はS45Cの規格に適合する鋼材
	ローリングキー、クラッチ作動用カム及びクラッチ掛け外し金具	日本工業規格G4404（合金工具鋼鋼材）に定めるS44種の規格に適合する鋼材

【留意点】

ピンクラッチプレスのクラッチピン、クラッチ作動用カム及びクラッチピン当て金並びにキークラッチプレスの内側のクラッチリング、中央のクラッチリング、外側のクラッチリング、ローリングキー、クラッチ作動用カム及びクラッチ掛け外し金具は、それぞれ次の図に示すとおりであること。

ピンクラッチプレスの例

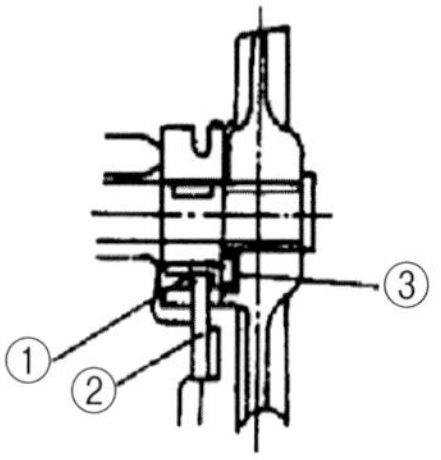

①　クラッチピン
②　クラッチ作動用カム
③　クラッチピン当て金

キークラッチプレスの例

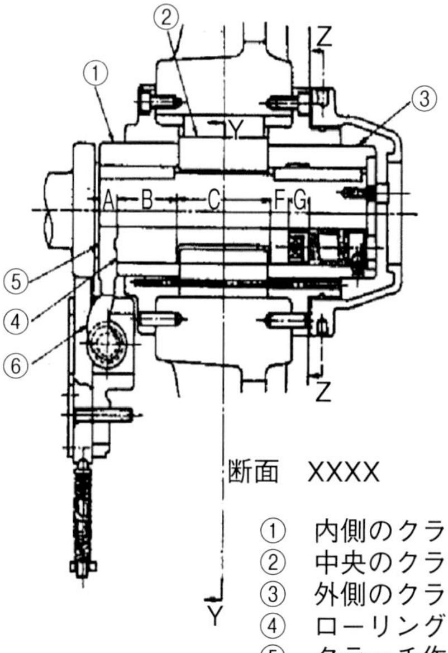

断面　XXXX

①　内側のクラッチリング
②　中央のクラッチリング
③　外側のクラッチリング
④　ローリングキー
⑤　クラッチ作動用カム
⑥　クラッチ掛け外し金具

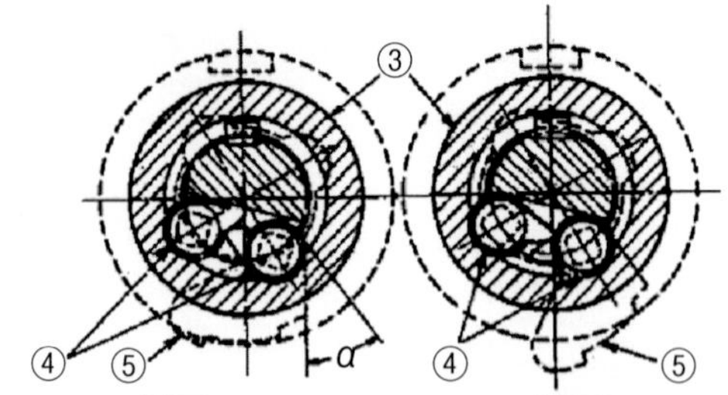

断面 ZZ（クラッチが切れたとき）　断面 ZZ（クラッチが入ったとき）

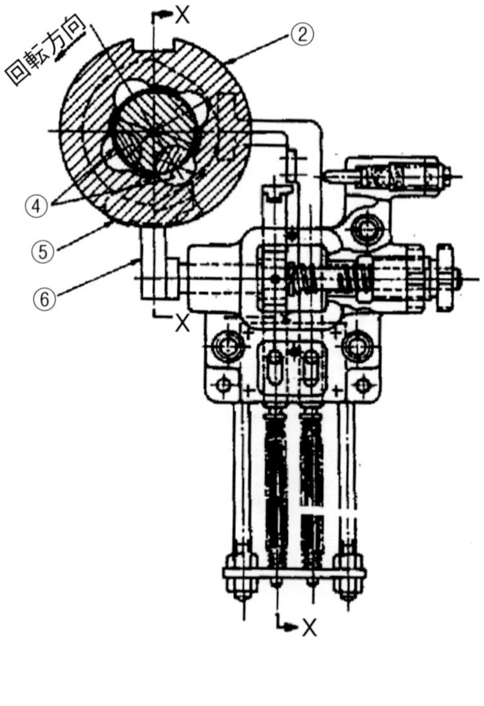

クラッチの処理及び硬さ

第20条　クラッチは、次の表の第1欄に掲げる機械プレスの種類及び同表の第2欄に掲げるクラッチの構成部分に応じて、それぞれ同表の第3欄に掲げる処理がなされ、及び同表の第4欄に掲げる表面硬さ値を有するものでなければならない。

機械プレスの種類	クラッチの構成部分	処　理	表面硬さ値
ピンクラッチプレス	クラッチピン	焼入れ焼もどし	52以上 56以下
	クラッチ作動用カム	炭素工具鋼にあっては接触部のみ焼入れ焼もどし クロムモリブデン鋼にあっては浸炭後焼入れ焼もどし	52以上 56以下
	クラッチピン当て金	合金工具鋼にあっては焼入れ焼もどし クロムモリブデン鋼にあっては浸炭後焼入れ焼もどし	54以上 58以下
キークラッチプレス	内側のクラッチリング	焼入れ焼もどし	22以上 25以下
	中央のクラッチリング	浸炭後焼入れ焼もどし	52以上 56以下
	外側のクラッチリング	焼入れ焼もどし	22以上 25以下
	ローリングキー	焼入れ焼もどし	54以上 58以下
	クラッチ作動用カム	焼入れ焼もどし	42以上 45以下
	クラッチ掛け外し金具のうちクラッチ作動用カムに接触する部分	焼入れ焼もどし	42以上 45以下
備考 表面硬さ値は、ロックウエルC硬さの値をいう。			

【留意点】

ア 「クラッチ掛け外し金具のうちクラッチ作動用カムに接触する部分」とは、クラッチ掛け外し金具（ラッチ）の頭部をいうこと。

イ 「ロックウエルC硬さの値」とは日本工業規格 Z2245（ロックウェル硬さ試験方法）に定める試験により求められるC硬さの値をいうこと。

クラッチの構造等

第21条　機械プレスのクラッチで空気圧によって作動するものは、ばね緩め型の構造のもの又はこれと同等以上の機能を有する構造のものでなければならない。

【留意点】
「ばね緩め型」とは、空気圧力を開放した際、ばねの力で摩擦板を戻しクラッチを切る構造をいうこと。

第22条　機械プレスのクラッチは、フリクションクラッチ式のものでなければならない。ただし、機械プレス（機械プレスブレーキを除く。）であって、第2条第1項各号に掲げるものに該当するものにあっては、この限りでない。

（改正内容）機械プレスのクラッチは、危険限界に身体の一部が入らない構造の動力プレス等第2条第1項各号に掲げるものである場合を除き、フリクションクラッチ式のものでなければならないこととしたこと。

【留意点】
本条により、ポジティブクラッチ式の機械プレスにあっては、第2条第1項各号に該当するものに限定されるものであること。

第23条　ピンクラッチプレスのクラッチは、クラッチ作動用カムがクラッチピンを戻す範囲を超えない状態でクランク軸の回転を停止させることができるストッパーを備えているものでなければならない。

2　前項のクラッチに使用するブラケットは、その位置を固定するための位置決めピンを備えているものでなければならない。

3　クラッチ作動用カムは、作動させなければ押し戻されない構造のものでなければならない。

４　クラッチ作動用カムの取付け部は、当該カムが受ける衝撃に耐えることができる強度を有するものでなければならない。

【留意点】

ア　第１項の「ストッパー」とは、次の図に示すようにクラッチ作動用カム又はカップリングに設けられた突起部をいうものであること。

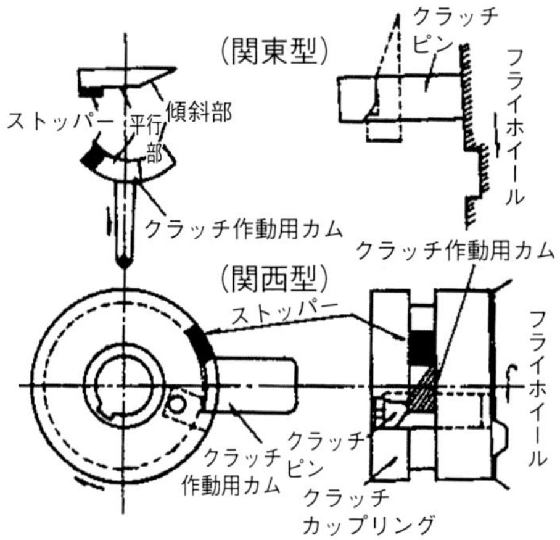

イ　第２項の「位置決めピン」とは、動力プレスの運転中の衝撃等によりクラッチ作動用カムを支持するブラケットが位置ずれを起こすのを防止するために、当該ブラケット固定面に設けられる突出ピン（ノックピン）をいうものであること。

ウ　第３項の「押し戻されない構造」とは、スプリング等によって保持される構造をいうこと。

ブレーキ

第24条　機械プレスのブレーキは、次の各号に定めるところに適合するものでなければならない。ただし、第二号の規定は、湿式ブレーキについては、適用しない。

一　バンドブレーキ以外のものであること。

二　ブレーキ面に油脂類が侵入しない構造のものであること。

2　クランク軸等の偏心機構を有する動力プレス（以下「クランクプレス等」という。）で空気圧によってクラッチを作動するもののブレーキは、ばね締め型の構造のもの又はこれと同等以上の機能を有する構造のものでなければならない。

（改正内容）機械プレスのブレーキは、バンドブレーキ以外のものでなければならないこととしたこと。

【留意点】

ア　第2項の「クランク軸等の偏心機構」とは、エキセン軸、偏心盤、カム等の偏心機構によってクランク軸等の回転運動をスライドの上下運動（往復運動）に変換する機構をいうこと。

イ　第2項の「ばね締め型」とは、ばねの力によりブレーキの作動を行う構造をいうこと。

回転角度の表示計

第25条　クランクプレス等は、見やすい箇所にクランク軸等の回転角度を示す表示計を備えているものでなければならない。ただし、身体の一部が危険限界に入らない構造の動力プレス及び自動プレス（自動的に材料の送給及び加工並びに製品等の排出を行う構造の動力プレスをいう。）にあっては、この限りでない。

（改正内容）身体の一部が危険限界に入らない構造の動力プレスにあっては、この規定を適用しないこととしたこと。

オーバーラン監視装置

第26条　クランク軸等の回転数が毎分300回転以下のクランクプレス等は、オーバーラン監視装置（クランクピン等がクランクピン等の設定の停止点で停止することができない場合に急停止機構に対しクランク軸等の回転の停止の指示を行うことができる装置をいう。）を備えているものでなければならない。ただし、急停止機構を有することを要しないクランクプレス等又は自動プレスにあっては、この限りでない。

2　前項のオーバーラン監視装置を備えるクランクプレス等は、オーバーラン監視装置により急停止機構が作動した場合は、スライドを始動の状態に戻した後でなければスライドが作動しない構造のものでなければならない。

（改正内容）オーバーラン監視装置を備えるクランクプレス等については、オーバーラン監視装置により急停止機構が作動した場合は、スライドを始動の状態に戻した後でなければスライドが作動しない構造のものでなければならないこととしたこと。

【留意点】

ア　「オーバーラン監視装置」とは、クランク軸等の滑り角度の異常を検出して停止の指示を行うものをいうこと。

イ　第１項の「クランクピン等の設定の停止点」とは、通常、上死点をいうこと。なお、可傾型の動力プレス等特別に設計されたものにあっては、メーカーの指定する位置をもって設定の停止点とすること。

ウ　第１項のオーバーラン監視の設定の停止点の位置は、クランクプレス等の毎分ストローク数が150以内の場合は予定停止設定点から15度以内、150を超え300以内の場合は同25度以内とすること。

エ　第２項は、オーバーランが発生した場合は停止機能の異常であるため、第３条の非常停止装置が作動した場合と同様に、一旦始動の状態に戻した後でなければスライドが作動しない構造とするものであること。

クラッチ又はブレーキ用の電磁弁

第27条　空気圧又は油圧によってクラッチ又はブレーキを制御する機械プレスは、次の各号に適合する電磁弁を備えるものでなければならない。ただし、第一号の規定は、身体の一部が危険限界に入らない構造の動力プレスについては、適用しない。

一　複式のものであること。

二　ノルマリクローズド型であること。

三　空気圧により制御するものにあっては、プレッシャーリターン型であること。

四　油圧により制御するものにあっては、ばねリターン型であること。

【留意点】

ア　第一号の「複式」とは、１個の電磁弁が２個分に相当する機能を有する型のものをいうこと。なお、単一の電磁弁を２個使用するものも含まれること。

イ　第二号の「ノルマリクローズド型」とは、通電したときメインバルブが開いてシリンダー内にエヤーを送給し、停電したとき、メインバルブが閉じてエヤーの送給をとめる型のものをいうこと。

ウ　第三号の「プレッシャーリターン型」とは、停電の際、送給されていたシリンダー側の空気圧力によってメインバルブを閉じる型のものをいうこと。

エ　第四号の「ばねリターン型」とは、停電の際、ばねの力によってメインバルブを閉じる型のものをいうこと。

過度の圧力上昇防止装置等

第28条　前条の機械プレスは、クラッチ又はブレーキを制御するための空気圧又は油圧が過度に上昇することを防止することができる安全装置を備え、かつ、当該空気圧又は油圧が所要圧力以下に低下した場合に自動的にスライドの作動を停止することができる機構を有するものでなければならない

【留意点】

「安全装置」には、動力プレスの本体以外の空気圧又は油圧の配管を設けられている場合も含まれること。

スライドの調節装置

第29条　スライドの調節を電動機で行う機械プレスは、スライドがその上限及び下限を超えることを防止することができる装置を備えているものでなければならない。

【留意点】

「装置」には、リミットスイッチが含まれること。

カウンターバランス

第30条　機械プレスのスライドのカウンターバランスは、次の各号に適合するものでなければならない。

一　スプリング式のカウンターバランスにあっては、スプリング等の部品が破損した場合に当該部品の飛散を防止することができる構造のものであること。

二　空気圧式のカウンターバランスにあっては、次の要件を満たす構造のものであること。

イ　ピストン等の部品が破損した場合に当該部品の飛散を防止することができるものであること。

ロ　ブレーキをかけることなくスライド及びその付属品をストロークのいかなる位置においても保持できるものであり、かつ、空気圧が所要圧力以下に低下した場合に自動的にスライドの作動を停止することができるものであること。

【留意点】

「カウンターバランス」とは、コネクチングロッド、スライド及びスライド付属部品の重量を保持するための機構をいうこと。

安全プラグ等

第31条　機械プレスブレーキ以外の機械プレスでボルスターの各辺の長さが1,500ミリメートル未満のもの又はダイハイトが700ミリメートル未満のもの及びプレスブレーキにあっては、第6条の規定にかかわらず、安全ブロック等に代えて安全プラグ又はキーロックとすることができる。

2　前項の安全プラグは、操作ステーションごとに備えられているものでなければならない。

3　第1項のキーロックは、主電動機への通電を遮断することができるものでなければならない。

（改正内容）　液圧プレスブレーキについて、安全ブロック等に代えて安全プラグ又はキーロックとすることができることとしたこと。

【留意点】

ア　第1項の「安全プラグ」とは、スライドを作動させるための操作部の操作用の電気回路に設けられ、金型の取付け、取外し等の場合に、当該プラグを抜くことにより、当該電気回路を開の状態にすることができるものをいうこと。

イ　第1項の「キーロック」とは、キーにより主電動機の駆動用電気回路又は起動用電気回路を開の状態に保持するためのものであること。

サーボプレスの停止機能

第32条　サーボプレスは、スライドを減速及び停止させることができるサーボシステムの機能に故障があった場合に、スライドの作動を停止することができるブレーキを有するものでなければならない。

2　サーボプレスは、前項のブレーキに異常が生じた場合は、スライドの作動を停止し、かつ、再起動操作をしても作動しない構造のものでなければならない。

３　スライドの作動をベルト又はチェーンを介して行うサーボプレスにあっては、ベルト又はチェーンの破損による危険を防止するための措置が講じられているものでなければならない。

（改正内容）サーボプレスについて、次の事項を定めたこと。

ア　サーボシステムの機能に故障があった場合に、スライドの作動を停止することができるブレーキを有するものであること。

イ　アのブレーキに異常が生じた場合に、スライドの作動を停止し、かつ、再起動操作をしても作動しない構造のものとすること。

ウ　スライドの作動をベルト又はチェーンを介して行うサーボプレスにあっては、ベルト又はチェーンの破損による危険を防止するための措置が講じられているものであること。

【留意点】

ア　サーボプレスとは、日本工業規格 B6410（プレス機械－サーボプレスの安全要求事項）に定義されているとおり、サーボシステムによってスライドの作動を制御する動力プレスをいうものであり、プログラムの変更によってスライドの作動の始点及び終点、作動経路並びに作動速度を任意に設定できるものであること。

イ　サーボシステムとは、スライドを作動させるサーボモータ、サーボアンプ、フィードバック用検出器、電気制動装置及び制御装置から構成されるものであること。

ウ　液圧プレスであるサーボプレスとは、サーボモータの動力を液圧によって直接的にスライドに伝達する構造のものであること。

エ　第１項のブレーキとは、サーボシステムに依存せずにスライドを停止及び停止後その状態を保持することができる制動力を持った電気制動以外のブレーキ（制動機構）であり、機械プレスにあっては、機械的摩擦を利用して、液圧プレスにあっては、サーボモータの動力を伝達する液体の圧力若しくは流量を遮断又は調節することによって、スライドを減速及び停止させ、停止後その状態を保持するものが含まれること。

オ　第３項の「ベルト又はチェーンの破損による危険を防止するための措置」に適合するものとしては、例えば、ベルト又はチェーンを複数とし、その半数が破損してもスライドの作動を停止することができる構造のものがあること。

第４章　液圧系統

スライド落下防止装置

第33条　液圧プレスは、スライド落下防止装置を備えていなければならない。ただし、身体の一部が危険限界に入らない構造の液圧プレスにあっては、この限りでない。

（改正内容）　液圧プレスについて、スライド落下防止装置を備えていなければならないこととしたこと。

【留意点】

ア「スライド落下防止装置」とは、液圧プレスでスライドが停止した時にスライドが自重で落下することを防止するための装置であり、スライドが作業上限で停止したときにスライドが自重で自動的に下降しないよう保持し、スライドを作動させるための操作部を操作したときに自動的にその保持を解除する機能を持つものであること。

イ　スライド落下防止装置は、スライド及び上型の重量を保持することができるものであること。

ウ　スライド落下防止装置には、例えば、ショットピン、クランプ等により機械的にスライドを保持する機械式のもの、液圧系統の制御弁及び独立したシリンダーを備えることによりスライドを保持する液圧式のものがあること。

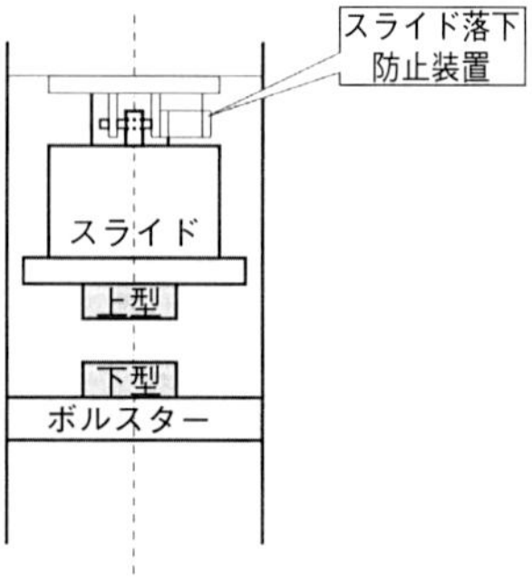

『参考図2』スライド落下防止装置の例

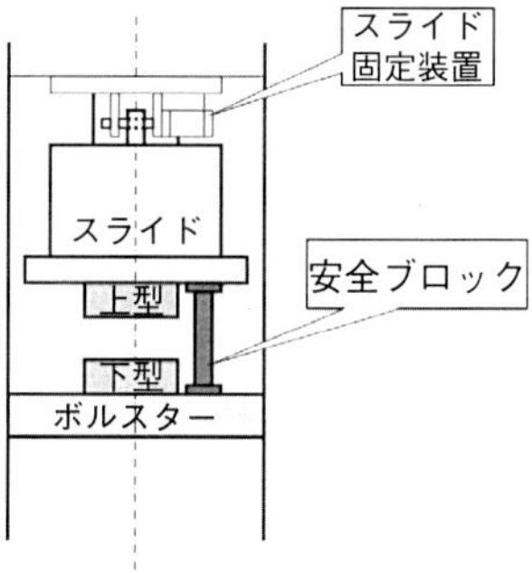

（第6条関係）『参考図3』安全ブロック

電磁弁

第34条　液圧プレスに備える電磁弁は、ノルマリクローズド型で、かつ、ばねリターン型の構造のものでなければならない。

過度の液圧上昇防止装置

第 35 条　液圧プレスは、液圧が過度に上昇することを防止することができる安全装置を備えているものでなければならない。

【留意点】

「安全装置」には、動力プレスの本体以外の油圧の配管に設けられている場合も含まれること。

第５章　安全プレス

危険防止機能

第 36 条　動力プレスで、スライドによる危険を防止するための機構を有するもの（以下「安全プレス」という。）は、次の各号のいずれかに該当する機能を有するものでなければならない。

一　スライドの上型と下型との間隔が小さくなる方向への作動中（スライドが身体の一部に危険を及ぼすおそれのない位置にあるときを除く。以下「スライドの閉じ行程の作動中」という。）に身体の一部が危険限界に入るおそれが生じないこと。

二　スライドの閉じ行程の作動中にスライドを作動させるための操作部から離れた手が危険限界に達するまでの間にスライドの作動を停止することができること。

三　スライドの閉じ行程の作動中に身体の一部が危険限界に接近したときにスライドの作動を停止することができること。

２　行程の切替えスイッチ、操作の切替えスイッチ又は操作ステーションの切替えスイッチを備える安全プレスは、当該切替えスイッチが切り替えられたいかなる状態においても前項各号のいずれかに該当する機能を有するものでなければならない。

３　安全プレスの構造は、第１項の機能が損なわれることがないよう、その構造を容易に変更できないものでなければならない。

（改正内容）安全プレスの危険防止機能について、次の事項を定めたこと。

ア　スライドによる危険を防止すべき場面を、現行のスライドの作動中からスライドの上型と下型との間隔が小さくなる方向への作動中としたこと。

イ　その構造を容易に変更できないものでなければならないとしたこと。

【留意点】

ア　第１項各号の規定は、労働安全衛生法施行令（昭和 47 年政令第 318 号）第 14 条の２第八号に規定するスライドによる危険を防止するための機構を有する動力プレスについて、プレス作業者の危険を防止するために定めたものであること。

イ　第1項の「スライドの閉じ行程の作動中」とは、動力プレスによる加工がスライドの下降中に行われる下降式のものにあっては下降中を、スライドの上昇中に行われる上昇式のものにあっては上昇中をそれぞれ示すものであること（以下同じ）。

ウ　第1項第一号の「スライドが身体の一部に危険を及ぼすおそれのない位置」とは、例えば、スライドが閉じる作動が終了する位置より6ミリメートル手前の位置から閉じる作動が終了する位置までをいうこと。

エ　第2項に規定する「切替えスイッチ」を切替えた場合には、安全プレスは自動的に第1項各号のいずれかの機能を有する状態に切り替えられるものでなければならないこと。したがって、1台の安全プレスが切替えの状態によって、インターロックガード式、両手操作式、光線式又は制御機能付き光線式のいずれにもなりうるものであること。

オ　第2項の「操作ステーションの切替え」とは、例えば、複数の操作ステーションを単数の操作ステーションに切り替える等操作ステーションの数を切り替えることをいうこと。

カ　第3項の「その構造を容易に変更できないもの」は、例えば、スライドによる危険を防止するための機構を動力プレスの内部に組み込むこと、溶接により固定すること、所定位置になければスライドを作動することができないようインターロックを施すこと等が含まれること。

インターロックガード式の安全プレス

第37条　インターロックガード式の安全プレス（スライドによる危険を防止するための機構として前条第1項第一号の機能を利用する場合における当該安全プレスをいう。）は、寸動の場合を除き、次の各号に定めるところに適合するものでなければならない。

一　ガードを閉じなければスライドが作動しない構造のものであること。

二　スライドの閉じ行程の作動中（フリクションクラッチ式以外のクラッチを有する機械プレスにあっては、スライドの作動中）は、ガードを開くことができない構造のものであること。ただし、ガードを開けてから身体の一部が危険限界に達するまでの間にスライドの作動を停止することができるものにあっては、この限りでない。

（改正内容）インターロックガード式の安全プレスについて、次の事項を定めたこと。

ア　名称を「ガード式の安全プレス」から「インターロックガード式の安全プレス」に変更したこと。

イ　スライドの作動中は、ガードを開くことができない構造のものとしたが、ガードを開けてから身体の一部が危険限界に達するまでの間にスライドの作動を停止することができるものにあっては、この限りでないとしたこと。

【留意点】

ア　ガードは、スライドの作動による危険がある場合には開くことのできないインターロックが備えられたものであることから、名称を「インターロックガード式の安全プレス」と変更することとしたこと。

イ　第二号ただし書のインターロックガード式の安全プレスとは、ガードを開けた後に身体の一部がガードの内側の危険限界に達するまでにスライドの作動を停止できるように安全距離を設定したものをいうこと。

両手操作式の安全プレス

第38条　両手操作式の安全プレス（スライドによる危険を防止するための機構として第36条第1項第二号の機能を利用する場合における当該安全プレスをいう。以下同じ。）は、次の各号に定めるところに適合するものでなければならない。

一　スライドを作動させるための操作部を操作する場合には、左右の操作の時間差が0.5秒以内でなければスライドが作動しない構造のものであること。

二　スライドの閉じ行程の作動中にスライドを作動させるための操作部から手が離れたときはその都度、及び一行程ごとにスライドの作動が停止する構造のものであること。
三　一行程ごとにスライドを作動させるための操作部から両手を離さなければ再起動操作をすることができない構造のものであること。

（改正内容）両手操作式の安全プレスについて、次の事項を定めたこと。
ア　両手操作式の安全プレスについて、寸動の場合であっても両手による操作によることとし、また、スライドを作動させるための操作部を操作するときに左右の操作の時間差が0.5秒以内でなければスライドが作動しない構造のものとすることを要件として追加したこと。
イ　スライドを作動させるための操作部は、両手によらない操作を防止するための措置が講じられているものであること。

【留意点】
ア　スライドを作動させるための操作部の片方を操作した状態又は片方を無効にした状態で操作することができないようにするための構造とすることとしたこと。
イ　危険防止機能が両手操作式のみの安全プレスにおいては、本条の趣旨から、寸動行程及び安全一行程以外の行程及び両手操作以外のスイッチ（片手スイッチ、フートスイッチ等）を備えてはならないものであること。
ウ　寸動行程時の安全を確保するため、光線式の安全プレスと同様、寸動行程においても危険を防止するための機構の除外を必要とすることとしたこと。
エ　第一号は、同時に操作することの同時性を明確にするため、「左右の操作の時間差が0.5秒以内」という制限を設けたこと。

両手操作式の安全プレスのスライドを作動させるための操作部

第39条　スライドを作動させるための操作部は、両手によらない操作を防止するための措置が講じられているものでなければならない。

（改正内容）両手操作式の安全プレスについて、次の事項を定めたこと。

ア　両手操作式の安全プレスについて、寸動の場合であっても両手による操作によることとし、また、スライドを作動させるための操作部を操作するときに左右の操作の時間差が0.5秒以内でなければスライドが作動しない構造のものとすることを要件として追加したこと。

イ　スライドを作動させるための操作部は、両手によらない操作を防止するための措置が講じられているものであること。

【留意点】

「両手によらない操作を防止するための措置」としては、例えば、スライドを作動させるための操作部間が300ミリメートル以上離れているもの、スライドを作動させるための操作部の双方を片手で同時に操作できないように当該操作部に覆い等を設け、かつ、操作部間が200ミリメートル以上離れているもの等が含まれること。

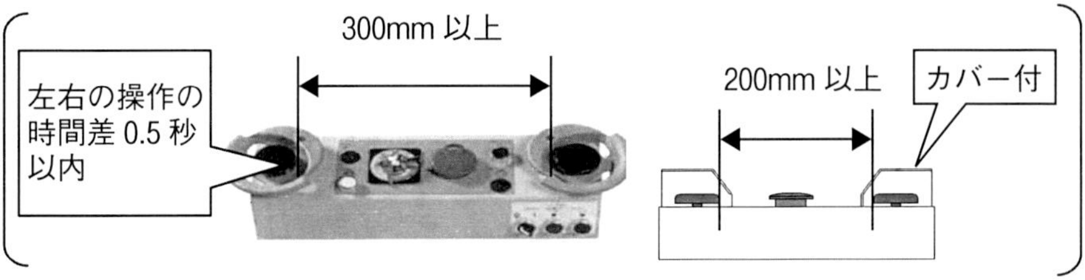

『参考図 4』

両手操作式の安全プレスの安全距離

第40条　両手操作式の安全プレスのスライドを作動させるための操作部と危険限界との距離（以下この条において「安全距離」という。）は、スライドの閉じ行程の作動中の速度が最大となる位置で、次の式により計算して得た値以上の値でなければならない。

D=1.6（Tl+Ts）

この式において、D、Tl及びTsは、それぞれ次の値を表すものとする。

D　安全距離（単位　ミリメートル）

Tl　スライドを作動させるための操作部から手が離れた時から急停止機構が作動を開始する時までの時間（単位　ミリセカンド）
Ts　急停止機構が作動を開始した時からスライドが停止する時までの時間（単位　ミリセカンド）

【留意点】

ア「スライドの閉じ行程の作動中の速度が最大となる位置」とは、クランクプレス等にあっては、一般的にクランク角が90°の位置をいうこと。

イ　本条の安全距離と操作部の関係を例示すれば、次のとおりであること。

例1 C形プレスの場合（図1）

$D<a+b+\frac{1}{3}H_D$ の条件を満たすように押しボタンの位置を選定する。

D ：安全距離
a ：押しボタンからスライド前面までの水平距離
b ：押しボタンからボルスター上面までの垂直距離
H_D：ダイハイト

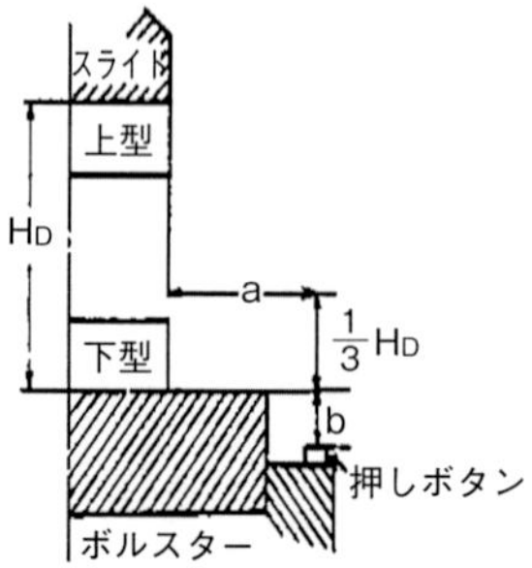

図1

例2 ストレートサイド形プレスの場合（図2）

$D<a+b+\frac{1}{3}H_D+\frac{1}{6}L_B$ の条件を満たすように押しボタンの位置を選定する。

D ：安全距離
a ：押しボタンからボルスター前面までの水平距離
b ：押しボタンからボルスター上面までの垂直距離
H_D：ダイハイト
L_B：ボルスターの奥行き

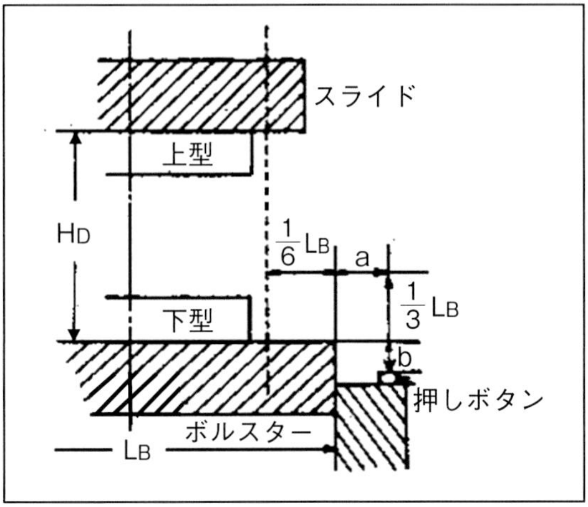

図２

液圧プレスの両手押しボタンの安全距離

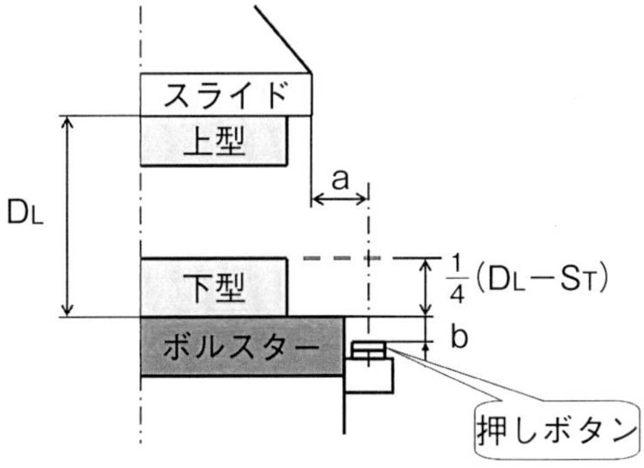

C 形プレスの場合

$$D < a + b + \frac{1}{4}(D_L - S_T)$$

D_L：デーライト
S_T：ストローク長さ

（第 40 条関係）『参考図 5』

液圧プレスの両手押しボタンの安全距離

ストレートサイド形の場合

$$D<a+b+\frac{1}{4}(D_L-S_T)+\frac{1}{6}L_B$$

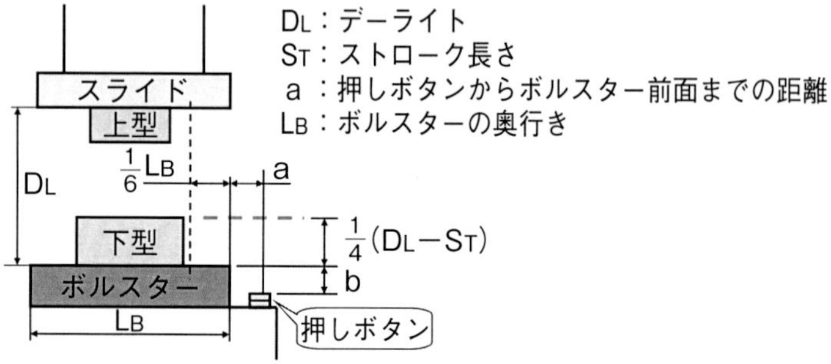

（第 40 条関係）『参考図 6』

液圧プレスの両手押しボタンの安全距離

ストレートサイド形

〔押しボタンがボルスター上面より高い位置にある場合〕

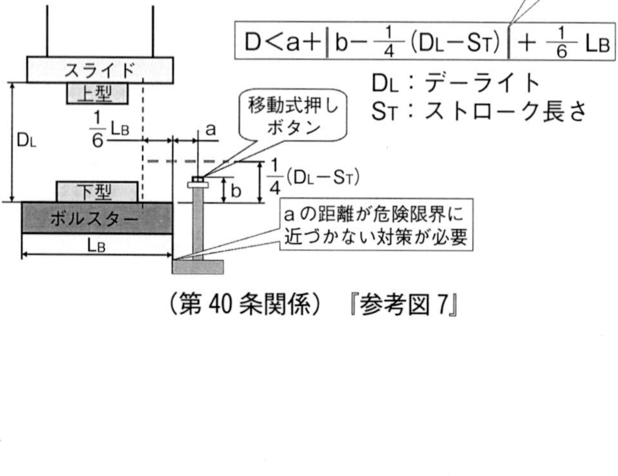

（第 40 条関係）『参考図 7』

光線式の安全プレス

第41条　光線式の安全プレス（スライドによる危険を防止するための機構として第36条第１項第三号の機能を利用する場合における当該安全プレスをいい、第45条第１項の制御機能付き光線式の安全プレスを除く。以下同じ。）は、身体の一部が光線を遮断した場合に、当該光線を遮断したことを検出することができる機構（以下「検出機構」という。）を有し、かつ、検出機構が、身体の一部が光線を遮断したことを検出した場合に、スライドの作動を停止することができる構造のものでなければならない。

（改正内容）光線式の安全プレスについて、次の事項を定めたこと。
（第41条から第44条まで）

ア　検出機構の投光器及び受光器は、スライドの作動による危険を防止するために必要な長さにわたり有効に作動するものでなければならないこと。

イ　光軸相互の間隔についての規定を改正し、検出能力として、アの必要な長さの範囲内の任意の位置に遮光棒を置いたときに、検出機構が検出可能な当該遮光棒の最小直径（以下「連続遮光幅」という。）が50ミリメートル以下であることとしたこと。

ウ　投光器は、投光器から照射される光線が、その対となる受光器以外の受光器又はその対となる反射器以外の反射器に到達しない構造でなければならないこと。

エ　受光器は、その対となる投光器から照射される光線以外の光線に感応しない構造のものであるか、感応した場合に、スライド等の作動を停止させる構造のものでなければならないこと。

オ　安全距離については、連続遮光幅に応じて必要な追加距離を加算しなければならないこと。

カ　光線式の安全プレスに備える検出機構の光軸とボルスターの前端との間に身体の一部が入り込む隙間がある場合は、当該隙間に安全囲い等を設けなければならないこと。

投光器及び受光器

第42条　光線式の安全プレスの検出機構の投光器及び受光器は、次の各号に定めるところに適合するものでなければならない。

一　スライドの作動による危険を防止するために必要な長さにわたり有効に作動するものであること。

二　投光器及び受光器の光軸の数は、2以上とし、かつ、前号の必要な長さの範囲内の任意の位置に遮光棒を置いたときに、検出機構が検出することができる当該遮光棒の最小直径（以下「連続遮光幅」という。）が50ミリメートル以下であること。

三　投光器は、投光器から照射される光線が、その対となる受光器以外の受光器又はその対となる反射器以外の反射器に到達しない構造のものであること。

四　受光器は、その対となる投光器から照射される光線以外の光線に感応しない構造のものであること。ただし、感応した場合に、スライドの作動を停止させる構造のものにあっては、この限りでない。

（改正内容）第41条と同じ

【留意点】

ア　第一号の「必要な長さ」とは、ボルスターの上面の高さからスライド下面の最上位置の高さ（機械プレスではダイハイトにストローク長さを加えた高さ、液圧プレスではデーライトの高さの寸法）までの範囲を含むものとし、十分な防護高さを確保する等、検出機構の上方又は下方から身体の一部が危険限界に達するおそれがないように措置されたものであること。ただし、スライドが下降する方式のものにあっては、スライドの下面の最上位置の高さが動力プレスの設置床面から1,400ミリメートル以下のときは1,400ミリメートルとし、1,700ミリメートルを超えるときは1,700ミリメートルとしても差し支えないこと。

イ　第二号の「連続遮光幅」とは、検出機構の検出能力を表すものであり、例えば、連続遮光幅を30ミリメートルとした場合は、30ミリメートル以下の円柱形状の試験片を検出面内にどのような角度で入れても検出機構が検出できるものであること。

ウ　第三号の「投光器から照射される光線が、その対となる受光器以外の受光器又はその対となる反射器以外の反射器に到達しない構造」とは、投光器からの光軸の拡がりが大きいと、周辺の構造物等からの反射光が受光器に入ることにより、身体の一部が侵入したことを検出できないおそれがあることから、投光器からの光軸の拡がり（有効開口角）を制限するものであること。この有効開口角については、検出機構が正常な動作を続けることができる投光器と受光器の光学的配置からの最大偏光角度とされていること。

エ　投光器の有効開口角は、次の表の投光器と受光器の距離に応じた値以下とすること。

投光器と受光器の距離（メートル）	0.5	1.5	3.0	6.0
有効開口角（度）	12.5	8.0	6.0	5.5

オ　第四号について、検出機構の受光器が投光器以外の光線に感応することは誤感知となるため防止しなければならないことから、対となる投光器以外の光線に受光器が感応しない構造又は、感応した場合にはスライドを停止させる構造とすること。

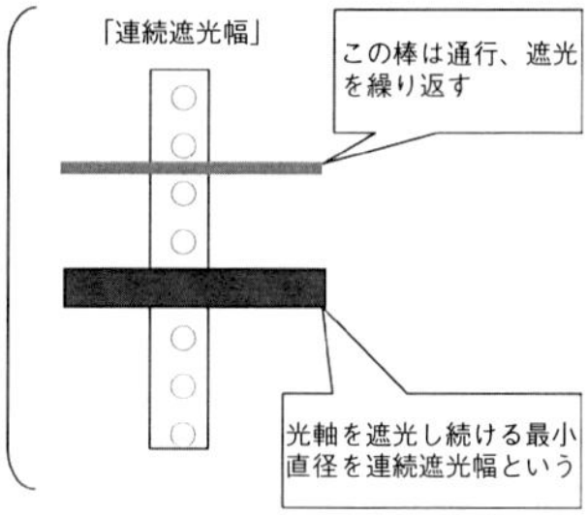

『参考図 8』

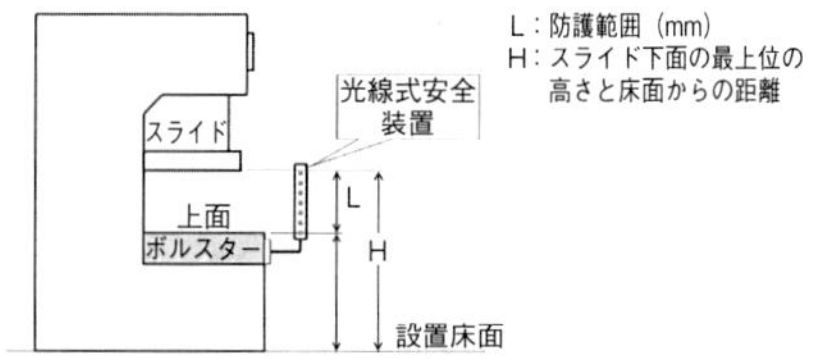

（第 42 条関係）『参考図 9』光線式の防護範囲

光線式の安全プレスの安全距離

第43条　光線式の安全プレスに備える検出機構の光軸と危険限界との距離（以下この条において「安全距離」という。）は、スライドの閉じ行程の作動中の速度が最大となる位置で、次の式により計算して得た値以上の値でなければならない。

D=1.6（Tl+Ts）+C

この式において、D、Tl、Ts及びCは、それぞれ次の値を表すものとする。

D　安全距離（単位　ミリメートル）

Tl　手が光線を遮断した時から急停止機構が作動を開始する時までの時間（単位　ミリセカンド）

Ts　急停止機構が作動を開始した時からスライドが停止する時までの時間（単位　ミリセカンド）

C　次の表の上欄（編注：左欄）に掲げる連続遮光幅に応じて、それぞれ同表の下欄（編注：右欄）に掲げる追加距離

連続遮光幅（ミリメートル）	追加距離（ミリメートル）
30以下	0
30を超え35以下	200
35を超え45以下	300
45を超え50以下	400

（改正内容）第41条と同じ

【留意点】

ア「追加距離」とは、連続遮光幅によって検出機構の検出能力が異なるので、検出能力を加味した必要な安全距離の加算を行うものであること。

イ　本条の安全距離と検出機構の光軸との関係を例示すれば、次のとおりであること。

例１　C 形プレスの場合

D<a

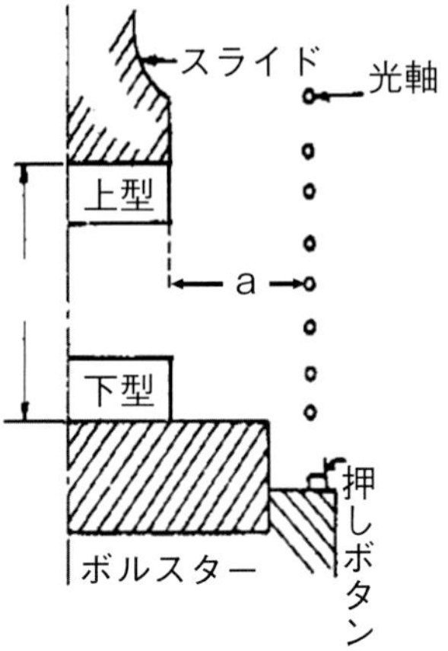

D：安全距離
a：光軸からスライド前面までの
　水平距離

例２　ストレートサイド形プレスの場合

$$D < a + \frac{1}{6} L_B$$

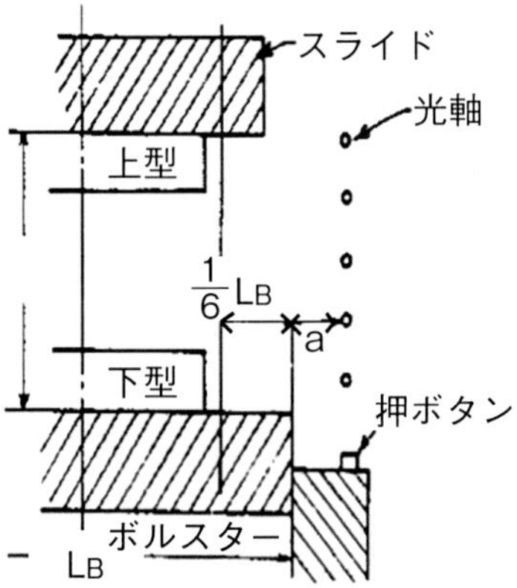

D：安全距離
a：光軸からボルスター前面までの
　水平距離
L_B：ボルスターの奥行き

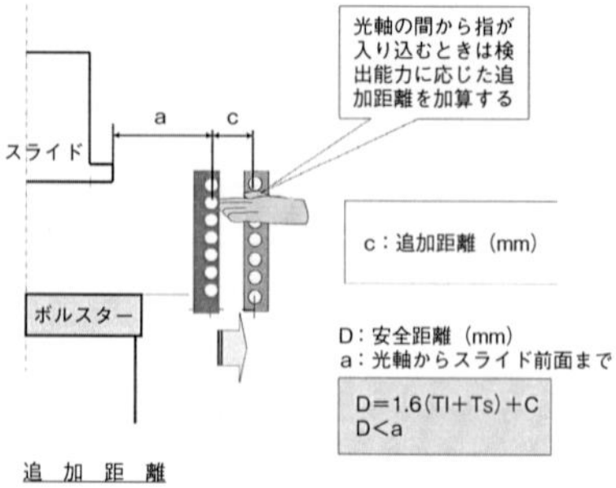

（第 43 条関係）『参考図 10』

安全囲い等

第 44 条　光線式の安全プレスに備える検出機構の光軸とボルスターの前端との間に身体の一部が入り込む隙間がある場合は、当該隙間に安全囲い等を設けなければならない。

（改正内容）第 41 条と同じ

【留意点】

「安全囲い等」の「等」には、当該隙間に光線式の安全装置を設置することが含まれること。この場合においては、有効に身体の一部を検出するために、光軸を 75 ミリメートル以下の間隔で当該隙間に設けることが必要であること。

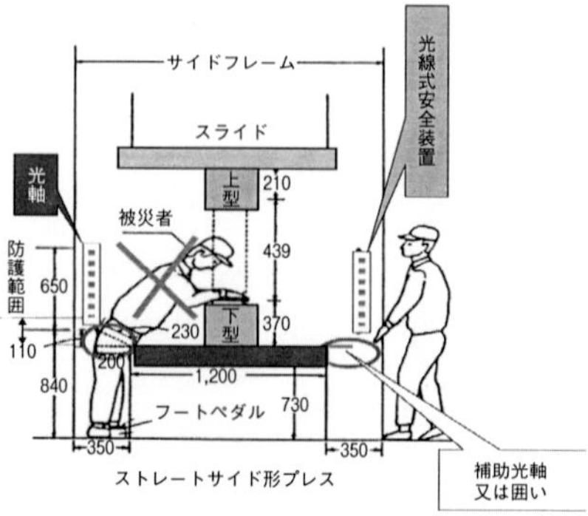

（第 44 条関係）『参考図 11』光軸とボルスターの前端との隙間

制御機能付き光線式の安全プレス

第45条　制御機能付き光線式の安全プレス（スライドによる危険を防止するための機構として第36条第1項第三号の機能を利用する場合における安全プレスであって、検出機構を有し、かつ、身体の一部による光線の遮断の検出がなくなったときに、スライドを作動させる機能を有するものをいう。以下同じ。）は、次の各号に定めるところに適合するものでなければならない。

一　検出機構が光線の遮断を検出した場合に、スライドの作動を停止することができる構造のものであること。

二　ボルスター上面の高さが床面から750ミリメートル以上であること。ただし、ボルスター上面から検出機構の下端までに安全囲い等を設け、当該下端の高さが床面から750ミリメートル以上であるものを除く。

三　ボルスターの奥行きが1,000ミリメートル以下であること。

四　ストローク長さが600ミリメートル以下であること。ただし、安全囲い等を設け、かつ、検出機構を設ける開口部の上端と下端との距離が600ミリメートル以下であるものを除く。

五　クランクプレス等にあっては、オーバーラン監視装置の設定の停止点が15度以内であること。

2　制御機能付き光線式の安全プレスは、検出機構の検出範囲以外から身体の一部が危険限界に達することができない構造のものでなければならない。

3　制御機能付き光線式の安全プレスのスライドを作動させるための機構は、スライドの不意の作動を防止することができるよう、次の各号に定める構造のものでなければならない。

一　キースイッチにより制御機能付き光線式の安全プレスの危険防止機能を選択する構造のものであること。

二　当該機構を用いてスライドを作動させる前に、起動準備を行うための操作を行うことが必要な構造のものであること。

三　30秒以内に当該機構を用いてスライドを作動させなかった場合には、改めて前号の操作を行うことが必要な構造のものであること。

4　第41条から第43条までの規定は、制御機能付き光線式の安全プレスについて準用する。この場合において、第42条第二号「50ミリメートル」とあるのは「30ミリメートル」と、第43条の表は、次のとおり読み替えるものとする。

連続遮光幅（ミリメートル）	追加距離（ミリメートル）
14以下	0
14を超え20以下	80
20を超え30以下	130

（改正内容）安全プレスとして、制御機能付き光線式の安全プレス（以下「PSDI式の安全プレス」という。）を追加したとともに、次の事項を定めたこと。

ア　PSDI式の安全プレスは、以下の要件に適合するものでなければならないこと。

（ア）ボルスター上面の高さが床面から750ミリメートル以上である、又は、ボルスター上面から検出機構の下端に安全囲い等を設け、当該下端の高さが床面から750ミリメートル以上のもの。

（イ）ボルスターの奥行きが1,000ミリメートル以下であるもの。

（ウ）ストローク長さが600ミリメートル以下であるか、動力プレスに安全囲い等が設けられ、かつ、検出機構を設ける開口部の上端と下端との距離が600ミリメートル以下であるもの。

（エ）クランクプレス等にあっては、オーバーラン監視装置の設定の停止点が15度以内であるもの。

イ　PSDI式の安全プレスは、検出機構の検出範囲以外から身体の一部が危険限界に達することができない構造のものでなければならないこと。

ウ　PSDI式の安全プレスのスライドを作動させるための機構は、スライドの不意の作動を防止することができるよう、以下に適合するものでなければならないこと。

（ア）キースイッチによりPSDI式の安全プレスの危険防止機能を選択する構造のもの。

（イ）スライドを作動させる前に、起動準備を行うための操作を行うことが必要な構造のもの。

（ウ）30秒以内にスライドを作動させなかった場合には、改めて（イ）の操作を行うことが必要な構造のもの。

エ　光線式の安全プレスに係る要件を準用すること。ただし、連続遮光幅については30ミリメートル以下とし、安全距離を算出する追加距離についても光線式の安全プレスと異なる表によることとしたこと。

【留意点】

ア　PSDI式の安全プレスは、身体の一部による光線の遮断の検出がなくなったときにスライドを作動させる機能（以下「PSDI機能」という。）により、スライドを作動させるための操作部を操作しなくてもスライドが作動するものであること。

イ　第1項第二号から第四号までの規定は、大型プレスにおいて危険限界内に作業者の全身が入り込むおそれがあり、PSDI機能を使用することが適切ではないことから、PSDI機能を使用できる動力プレスの範囲を制限したものであること。

ウ　第2項の「身体の一部が危険限界に達することができない構造」には、側面に安全囲い等を備えることが含まれること。

エ　第3項の「スライドの不意の作動」には、例えば、プレス作業者等が光線を意図せず遮り、そのために突然スライドが作動することなどが含まれること。このような作動により、金型内に材料が定位置にセットされていない状態でスライドが作動することによって、材料や金型が破損、飛散することによる危険が考えられること。

オ　第3項のスライドを起動させるための機構は、次の要件を満たすことが必要であること。

（ア）第一号のPSDI機能の選択は、切替えスイッチ等により行うものであること。また、当該切替えは、キースイッチにより行う構造のものであること。

（イ）第二号は、PSDI 機能によるスライドの起動の前に、起動準備を行うための操作(セットアップ)を行うことが必要なものであること。当該セットアップは、スライドが上死点等の作業上限に停止している状態においてのみ可能であること。

（ウ）第三号は、PSDI 機能はタイマーを備え、セットアップの後、当該タイマーで設定した時間内(30 秒以内)に PSDI 機能による起動を行わなかった場合は、PSDI 機能による起動ができなくなり、かつ、再びセットアップ操作をしなければ、PSDI 機能による起動ができない構造のものであること。

第６章　雑則

表　示

第46条　動力プレスは、見やすい箇所に次の事項が表示されているものでなければならない。

一　動力プレスの種類及び当該動力プレスが安全プレスである場合にあっては、その種類

二　次の表の上欄（編注：左欄）に掲げる動力プレスの種類に応じてそれぞれ同表の下欄（編注：右欄）に掲げる機械仕様

動力プレスの種類	機械仕様
機械プレスブレーキ以外の機械プレス	圧力能力（単位　キロニュートン） ストローク数（単位　毎分ストローク数） ストローク長さ（単位　ミリメートル） ダイハイト（単位　ミリメートル） スライド調節量（単位　ミリメートル） 急停止時間（Tsをいう。以下同じ。）（単位　ミリ秒） 最大停止時間（TlとTsとの合計の時間をいう。以下同じ。）（単位　ミリ秒） オーバーラン監視装置の設定位置（クランクピン等の上死点と設定の停止点との間の角度をいう。以下同じ。）
機械プレスブレーキ	圧力能力（単位　キロニュートン） ストローク数（単位　毎分ストローク数） ストローク長さ（単位　ミリメートル） テーブル長さ（単位　ミリメートル） ギャップ深さ（単位　ミリメートル） 急停止時間（単位　ミリ秒） 最大停止時間（単位　ミリ秒） オーバーラン監視装置の設定位置

液圧プレスブレーキ以外の液圧プレス	圧力能力（単位　キロニュートン） ストローク長さ（単位　ミリメートル） スライドの最大下降速度（単位　ミリメートル毎秒） 慣性下降値（単位　ミリメートル） 急停止時間（単位　ミリ秒） 最大停止時間（単位　ミリ秒）
液圧プレスブレーキ	圧力能力（単位　キロニュートン） ストローク長さ（単位　ミリメートル） テーブル長さ（単位　ミリメートル） ギャップ深さ（単位　ミリメートル） スライドの最大下降速度（単位　ミリメートル毎秒） 慣性下降値（単位　ミリメートル） 急停止時間（単位　ミリ秒） 最大停止時間（単位　ミリ秒）
備考　この表において、Tl 及び Ts はそれぞれ次の値を表すものとする。 Tl　両手操作式の安全プレスにあっては、スライドを作動させるための操作部から手が離れた時から急停止機構が作動を開始する時までの時間（単位　ミリ秒） 　光線式の安全プレス及び制御機能付き光線式の安全プレスにあっては、手が光線を遮断した時から急停止機構が作動を開始する時までの時間（単位　ミリ秒） Ts　急停止機構が作動を開始した時からスライドが停止する時までの時間（単位　ミリ秒）	

三　製造番号

四　製造者名

五　製造年月

（改正内容）動力プレスの表示事項として、動力プレスの種類及び当該動力プレスが安全プレスである場合については、その種類を追加したこと。

【留意点】

ア　第一号の「動力プレスの種類」とは、機械プレス又は液圧プレス等の種類のほか、プレスブレーキ、サーボプレス、自動プレス又は身体の一部が危険限界に入らない構造の動力プレスである場合にあってはその旨を表示すること。

イ 「当該動力プレスが安全プレスである場合にあっては、その種類」について、複数の危険防止機能を併用する安全プレスである場合は、その旨を表示すること。

ウ　第二号の「ダイハイト」とは、ストローク下で、かつ、調節上の状態のときのスライドとボルスター間の距離をいうこと。

この場合、ストローク下とは、スライドがストロークの下端位置（下死点）にある状態のことをいい、調節上とは、スライド調節装置によってスライドとボルスター間の距離が最大となる状態をいうこと。

図において H_D はダイハイトを示すものであること。

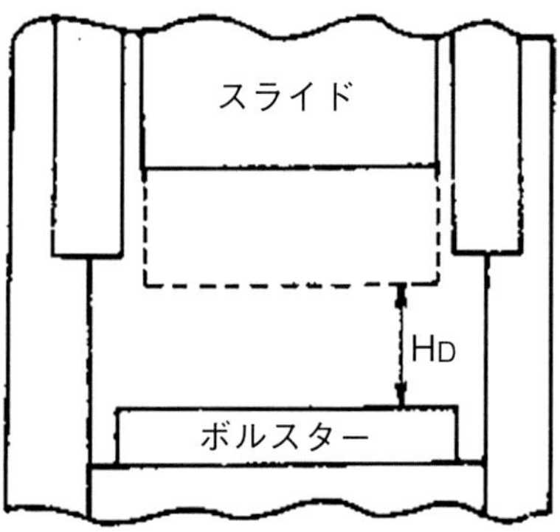

エ　第二号の「テーブル長さ」とは、図のLをいうこと。

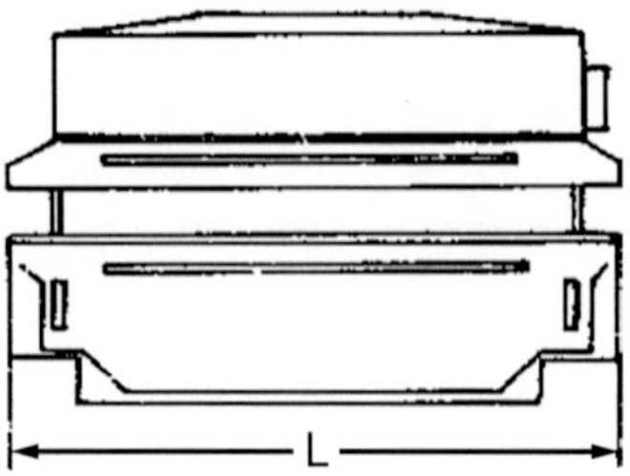

オ　第二号の「ギャップ深さ」とは、図のCをいうこと。

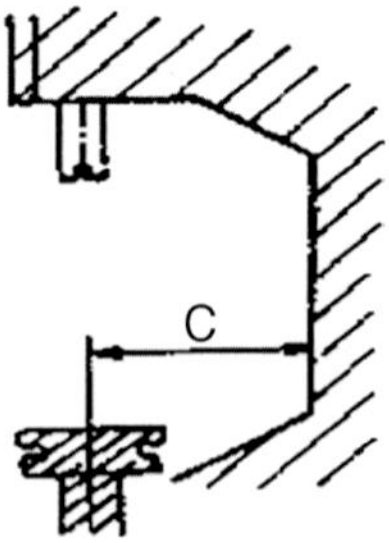

カ　第二号の「慣性下降値」とは、スライドのオーバートラベル（スリップダウン）の距離をいうものであること。

キ　動力プレスの種類に応じ、本条の表示事項に該当しない事項については、表示する必要はないものであること。

適用除外

第47条　動力プレスで前各章の規定を適用することが困難なものについて、厚生労働省労働基準局長が前各章の規定に適合するものと同等以上の性能があると認めた場合は、この告示の関係規定は、適用しない。

附　則

1　この告示は、平成23年7月1日から適用する。

2　この告示の適用の日において、現に製造している動力プレス若しくは現に存する動力プレス又は現に労働安全衛生法第44条の2第1項の規定による検定若しくは同法第44条の3第2項の規定による型式検定に合格している型式の安全プレス（当該型式に係る型式検定合格証の有効期間内に製造し、又は輸入するものに限る。）の規格については、なお従前の例による。

【留意点】

ア「現に製造している」とは、現に設計が完了された以降の過程にあることをいうこと。

なお、同一設計により、量産されるものについては、個別に製作過程にあるか否かにより、現に製造されているか否かを判断すること。

イ「現に存する」とは、製造の全過程が終了し、現に設置使用されており、又は使用されないで保管されているものをいうこと。

Ⅱ　プレス機械又はシャーの安全装置構造規格

第１章　総　則

機　能

第１条　プレス機械又はシャー（以下「プレス等」という。）の安全装置は、次の各号のいずれかに該当する機能を有するものでなければならない。

一　スライド又は刃物若しくは押さえ（以下「スライド等」という。）が上型と下型又は上刃と下刃若しくは押さえとテーブルとの間隔が小さくなる方向への作動中（スライド等が身体の一部に危険を及ぼすおそれのない位置にあるときを除く。以下「閉じ行程の作動中」という。）に身体の一部が危険限界に入るおそれが生じないこと。

二　スライド等を作動させるための操作部から離れた手が危険限界に達するまでの間にスライド等の作動を停止することができ、又はスライド等を作動させるための操作部を両手で操作することによって、スライド等の閉じ行程の作動中にスライド等を作動させるための操作部から離れた手が危険限界に達しないこと。

三　スライド等の閉じ行程の作動中に身体の一部が危険限界に接近したときにスライド等の作動を停止することができること。

四　スライドの閉じ行程の作動中に危険限界内にある身体の一部に危険を及ぼすおそれがあるときにスライドの作動を停止することができること。

五　危険限界内にある身体の一部をスライドの作動等に伴って危険限界から排除することができること。

（改正内容）プレス機械又はシャー（以下「プレス等」という。）の安全装置の機能に係る要件について、次の事項を定めたこと。

ア　身体の一部が危険限界に達することを防止すべき場面を、現行のスライド又は刃物若しくは押さえ（以下「スライド等」という。）の作動中から、スライド等が上型と下型又は上刃と下刃若しくは押さえとテーブルとの間隔が小さくなる方向への作動中（スライド等が身体の一部に危険を及ぼすおそれのない位置にあるときを除く。以下「閉じ行程の作動中」という。）としたこと。

イ　スライドの閉じ行程の作動中に危険限界内にある身体の一部に危険を及ぼすおそれがあるときにスライドの作動を停止することができることを追加したこと。

【留意点】

ア　第一号に該当する機能を有する安全装置には、インターロックガード式安全装置があること。

イ　第一号の「押さえ」とは、金属シャーにあっては板押さえを、紙断さい機にあっては紙押さえをいうこと。

ウ　第一号から第四号までの「スライド等の閉じ行程の作動中」とは、プレス機械又はシャーによる加工が、スライド等の下降中に行われる下降式のものにあっては下降中を、スライド等の上昇中に行われる上昇式のものにあっては上昇中をそれぞれ示すものであること（以下同じ）。

エ　第一号の「スライド等が身体の一部に危険を及ぼすおそれのない位置」とは、例えば、スライド等が閉じる作動が終了する位置より6ミリメートル手前の位置から閉じる作動が終了する位置までをいうこと。

オ　第二号の「スライド等を作動させるための操作部」には、押しボタン、操作レバー等の機械式スイッチのほか、光電式スイッチ等の非機械式スイッチがあること。

カ　第二号のスライド等を作動させるための操作部から離れた手が危険限界に達するまでの間にスライド等の作動を停止することができる機能を有する安全装置には、急停止機構を有するフリクションクラッチ式のプレス等に取り付ける両手操作式安全装置があること。

キ　第三号に該当する機能を有する安全装置には、光線式安全装置及びPSDI式安全装置があること。

ク　第四号に該当する機能を有する安全装置には、プレスブレーキ用レーザー式安全装置があること。

ケ　第五号に該当する機能を有する安全装置には、手引き式安全装置があること。

主要な機械部品の強度

第2条　プレス等の安全装置の本体、リンク機構材、レバーその他の主要な機械部品は、当該安全装置の機能を確保するための十分な強度を有するものでなければならない。

【留意点】

「その他の主要な機械部品」には、取り付けボルト等が含まれること。

掛け合い金具

第3条　プレス等の安全装置の掛け合い金具は、次の各号に定めるところに適合するものでなければならない。

一　材料は、日本工業規格G4051（機械構造用炭素鋼鋼材）に定めるS45Cの規格に適合する鋼材又はこれと同等以上の機械的性質を有する鋼材であること。

二　掛け合い部の表面は、焼入れ焼もどしが施され、かつ、その硬さの値は、ロックウェルC硬さの値で45以上50以下であること。

ワイヤロープ

第4条　プレス等の安全装置に使用するワイヤロープは、次の各号に定めるところに適合するものでなければならない。

一　日本工業規格G3540（操作用ワイヤロープ）に定める規格に適合するもの又はこれと同等以上の機械的性質を有するものであること。

二　クリップ、クランプ等の緊結具を使用してスライド、レバー等に確実に取り付けられていること。

【留意点】

「これと同等以上の機械的性質を有するもの」には、日本工業規格 G3525（ワイヤロープ）に該当するワイヤロープが含まれること。

ボルト等

第5条　プレス等の安全装置に使用するボルト、ナット等であって、その緩みによって当該安全装置の誤作動、部品の脱落等のおそれのあるものは、緩み止めが施されているものでなければならない。

２　プレス等の安全装置のヒンジ部に使用するピン等は、抜け止めが施されているものでなければならない。

【留意点】

第１項の「緩み止め」には、ばね座金が含まれること。

主要な電気部品

第6条　プレス等の安全装置のリレー、リミットスイッチその他の主要な電気部品は、当該安全装置の機能を確保するための十分な強度及び寿命を有するものでなければならない。

２　スライド等の位置を検出するためのリミットスイッチ等は、不意の接触等を防止し、かつ、容易にその位置を変更できない措置が講じられているものでなければならない。

（改正内容）インターロックガード式安全装置以外の安全装置についても、スライド等の位置を検出するためのリミットスイッチ等は、不意の接触等を防止し、かつ、容易にその位置を変更できない措置が講じられているものでなければならないとしたこと。

【留意点】

ア　第１項の「その他主要な電気部品」には、トランジスター、近接スイッチ等が含まれること。

イ　第１項の「十分な強度及び寿命を有するもの」には、例えば、負荷容量に十分な余裕があり、かつ、継続的な使用に対して十分に耐え得る電気製品が含まれること。

ウ　第２項の「スライド等」の「等」には、インターロックガードが含まれ、「リミットスイッチ等」の「等」には、非接触型の近接スイッチが含まれること。

エ　第２項の措置として、例えば、覆いを設け、リミットスイッチ等を専用工具が必要なネジを用いて取り付けることがあること。

表示ランプ等

第７条　プレス等の安全装置で電気回路を有するものは、当該安全装置の作動可能の状態を示すランプ等及びリレーの開離不良その他電気回路の故障を示すランプ等を備えているものでなければならない。

【留意点】

ア「作動可能の状態を示すランプ等」の「等」には、機械的なマーク表示方法が含まれること。

イ「故障を示すランプ等」の「等」には、警報器が含まれること。

防振措置

第８条　プレス等の安全装置のリレー、トランジスター等の電気部品の取付け部は、防振措置が講じられているものでなければならない。

【留意点】

ア「リレー、トランジスター等」の「等」には、コンデンサー、抵抗器等が含まれること。

イ「防振措置」とは、緩衝材を使用する等の措置をいうこと。

電気回路

第９条　プレス等の安全装置の電気回路は、当該安全装置のリレー、リミットスイッチ等の電気部品の故障、停電等によりスライド等が誤作動するおそれのないものでなければならない。

（改正内容）プレス等の安全装置の電気回路は、スライド等が不意に作動することを防止するだけでなく、作動中のスライド等が停止しないといった危険も防止することが必要であることから、誤作動するおそれのないことを要件としたこと。

【留意点】

ア　「停電等」の「等」には、電圧降下が含まれること。

イ　「スライド等が誤作動」には、不意にスライド等が作動することだけでなく、作動中のスライド等を停止させることができないことも含まれること。

ウ　「電気部品の故障、停電等によりスライド等が誤作動するおそれのないもの」とは、次のいずれにも適合したものであること。

（ア）故障、停電等の場合にこれを検出して、スライドの作動を停止させるため、電気回路又は部品の冗長化等の対策が講じられたもの。

（イ）電気回路の地絡によりスライド等が誤作動するおそれがないよう、電気回路に地絡が生じたときに作動するヒューズ、漏電遮断器を設置する等の措置が講じられたもの。

操作用電気回路の電圧

第10条　プレス等の安全装置の操作用電気回路の電圧は、150ボルト以下でなければならない。

外部電線

第11条　プレス等の安全装置の外部電線は、日本工業規格C3312（600Vビニル絶縁ビニルキャブタイヤケーブル）に定める規格に適合するビニルキャブタイヤケーブル又はこれと同等以上の絶縁効力、耐油性、強度及び耐久性を有するものでなければならない。

【留意点】

ア「外部電線」とは、投光器と受光器との間を接続する電線等安全装置の外部導線に用いる電線をいうこと。

イ「同等以上の絶縁効力、耐油性、強度及び耐久性を有するもの」には、金属製電線管又は金属製可とう電線管に納められたものが含まれること。

切替えスイッチ

第12条　プレス等の安全装置に備える切替えスイッチは、次の各号に定めるところに適合するものでなければならない。

一　キーにより切り替える方式のもので、当該キーをそれぞれの切替え位置で抜き取ることができるものであること。

二　それぞれの切替え位置で確実に保持されるものであること。

三　それぞれの切替え位置における安全装置の状態が明示されているものであること。

【留意点】

ア　第二号の「確実に保持されるもの」には、クリックストップ式のものが含まれること。

イ　第三号の「明示」とは、文字を見易く表示するなど、プレス作業者がその状態を容易に判断できる方法により行うものであること。

電気回路の収納箱等

第13条　プレス等の安全装置の電気回路が収納されている箱は、水、油若しくは粉じんの侵入又は外力によりこれらの電気回路の機能に障害を生ずるおそれのない構造のものでなければならない。
2　前項の箱から露出している充電部分は、絶縁覆いが設けられているものでなければならない。

（改正内容）プレス等の安全装置の電気回路が収納されている箱は、水、油若しくは粉じんの侵入又は外力によりこれらの電気回路の機能に障害を生ずるおそれのない構造とするとともに、当該箱から露出している充電部分は、絶縁覆いが設けられているものでなければならないこととしたこと

【留意点】

ア　第１項の水、油又は粉じんの侵入により電気回路の機能に障害を生ずるおそれがない構造には、例えば、日本工業規格 C0920（電気機械器具の外郭による保護等級（IP コード））に定める保護等級が IP51 であるものと同等以上の機能を有する構造のものが含まれること。

イ　第１項の外力により電気回路の機能に障害を生ずるおそれがない構造とは、加工物との接触等に対する十分な強度を有するものであること。

第２章　インターロックガード式安全装置

インターロックガード式安全装置

第14条　第１条第一号の機能を有するプレス等の安全装置（以下「インターロックガード式安全装置」という。）は、寸動の場合を除き、次の各号に定めるところに適合するものでなければならない。

一　ガードを閉じなければスライド等を作動させることができない構造のものであること。

二　スライド等の閉じ行程の作動中（フリクションクラッチ式以外のクラッチを有する機械プレスにあっては、スライドの作動中）は、ガードを開くことができない構造のものであること。ただし、ガードを開けてから身体の一部が危険限界に達するまでの間にスライド等の閉じ行程の作動を停止させることができるもの（以下「開放停止型インターロックガード式安全装置」という。）にあっては、この限りでない。

（改正内容）インターロックガード式安全装置について、次の事項を定めたこと。

ア　名称を「ガード式安全装置」から「インターロックガード式安全装置」に変更したこと。

イ　スライド等の閉じ行程の作動中（フリクションクラッチ式以外のクラッチを有するプレス機械にあってはスライドの作動中）は、ガードを開くことができない構造としているが、ガードを開けてから身体の一部が危険限界に達するまでの間にスライド等の閉じ行程の作動を停止させることができるものにあっては、この限りでないこととしたこと。

【留意点】

ア　ガードは、スライド等の作動による危険がある場合には開くことのできないインターロックが備えられたものであることから、名称を「インターロックガード式安全装置」と変更したこと。

イ　第二号ただし書のインターロックガード式安全装置としては、ガードを開けた後に身体の一部がガードの内側の危険限界に達するまでにスライドの作動を停止させることができるものをいうこと。

ウ　第二号における「スライド等の閉じ行程の作動を停止させることができるもの」には、プレス等の停止機構を利用するものも含まれること。

第３章　両手操作式安全装置

一行程一停止機構

第 15 条　第１条第二号の機能を有するプレス等の安全装置（以下「両手操作式安全装置」という。）は、一行程一停止機構を有するものでなければならない。ただし、一行程一停止機構を有するプレス等に使用される両手操作式安全装置については、この限りでない。

【留意点】
「一行程一停止機構」とは、スライド等を作動させるための操作部を操作し続けてもスライド等が一行程で停止し、再起動しない機構をいうこと。

スライド等を作動させるための操作部の操作

第 16 条　両手操作式安全装置は、次の各号に定めるところに適合するものでなければならない。

一　スライド等を作動させるための操作部を両手で左右の操作の時間差が 0.5 秒以内に操作しなければスライド等を作動させることができない構造のものであること。ただし、当該機能を有するプレス等に使用される両手操作式安全装置にあっては、この限りでない。

二　スライド等の閉じ行程の作動中にスライド等を作動させるための操作部から離れた手が危険限界に達するおそれが生ずる場合にあっては、スライド等の作動を停止させることができる構造のものであること。

三　一行程ごとにスライド等を作動させるための操作部から両手を離さなければ再起動操作をすることができない構造のものであること。

（改正内容）両手操作式安全装置のスライド等を作動させるための操作部の操作について、次の事項を定めたこと。（第16条から第18条まで）

ア　左右の操作の時間差が0.5秒以内でなければスライド等が作動しない構造のものとすることとしたが、当該機能を有するプレス等に使用される両手操作式安全装置にあっては、この限りでないこととしたこと。

イ　両手によらない操作を防止するための措置が講じられているものであること。

ウ　接触等によりスライド等が不意に作動することを防止することができる構造のものでなければならないこと。

【留意点】

ア　スライド等を作動させるための操作部の片方を操作した状態又は片方を無効にした状態で操作することができないようにするための構造とすることとしたこと。

イ　第一号は、同時に操作することの同時性を明確にするため、「左右の操作の時間差が0.5秒以内」という制限を設けたこと。

ウ　第二号における「スライド等の作動を停止させることができる構造のもの」には、プレス等の停止機構を利用するものも含まれること。

第17条　両手操作式安全装置のスライド等を作動させるための操作部は、両手によらない操作を防止するための措置が講じられているものでなければならない。

（改正内容）第16条と同じ

【留意点】

「両手によらない操作を防止するための措置」としては、例えば、スライド等を作動させるための操作部間が300ミリメートル以上離れているもの、スライド等を作動させるための操作部の双方を片手で同時に操作できないように当該操作部に覆い等を設けたものにあっては、操作部間が200ミリメートル以上離れているもの等があること。

第18条　両手操作式安全装置のスライド等を作動させるための操作部は、接触等によりスライド等が不意に作動することを防止することができる構造のものでなければならない。

（改正内容）第16条と同じ

【留意点】

両手操作式安全装置のスライド等を作動させるための操作部のスイッチ等の種類に応じ、例えば、それぞれ次の各号に適合することが必要であること。

ア　押しボタンは、覆いを備えるもの又はボタンの表面がケースの表面若しくはボタンの周囲に備わるガードリングの先端から突出せず、かつ、くぼんでいるものであること。

イ　光電式等の非機械式スイッチは、覆い等を備えるものであること。

第４章　光線式安全装置

光線式安全装置

第19条　光線式安全装置（スライド等による危険を防止するための機構として第１条第三号の機能を利用する場合におけるプレス等の安全装置をいい、第22条第1項の制御機能付き光線式安全装置を除く。以下同じ。）は、身体の一部が光線を遮断した場合に、当該光線を遮断したことを検出することができる機構（以下「検出機構」という。）を有し、かつ、検出機構が、身体の一部が光線を遮断したことを検出することによりスライド等の作動を停止させることができる構造のものでなければならない。

（改正内容）プレス機械に係る光線式安全装置について、次の事項を定めたこと。（第19条から第20条の２まで）

ア　検出機構の投光器及び受光器は、スライドの作動による危険を防止するために必要な長さにわたり有効に作動するものでなければならないこと。

イ　光軸相互の間隔についての規定を改正し、検出能力として、アの必要な長さの範囲内の任意の位置に遮光棒を置いたときに、検出機構が検出可能な当該遮光棒の最小直径が50ミリメートル以下であること。

ウ　投光器は、投光器から照射される光線が、その対となる受光器以外の受光器又はその対となる反射器以外の反射器に到達しない構造でなければならないこと。

エ　受光器は、その対となる投光器から照射される光線以外の光線に感応しない構造のものであるか、感応した場合に、スライドの作動を停止させる構造のものでなければならないこと。

オ　材料の送給装置等を備えたプレス機械に取り付ける光線式安全装置の検出機構の投光器及び受光器については、次の要件の下、当該送給装置等に係る検出を無効にできる構造とすることができることとしたこと。

（ア）検出を無効とするための切替えは、キースイッチにより１光軸ごとに設定を行うものであること。

（イ）検出を無効にする送給装置等に変更があったときには、再び（ア）の設定を行わなければスライドを作動させることができない構造のものであること。

（ウ）検出を無効にする送給装置等が取り外されたときには、スライドの作動による危険を防止するために投光器及び受光器が必要な長さにわたり有効に作動するものであること。

【留意点】

「スライド等の作動を停止させることができる構造のもの」には、プレス等の停止機構を利用するものも含まれること。

投光器及び受光器

第20条　プレス機械に係る光線式安全装置の検出機構の投光器及び受光器は、次の各号に定めるところに適合するものでなければならない。

一　スライドの作動による危険を防止するために必要な長さにわたり有効に作動するものであること。

二　投光器及び受光器の光軸の数は、２以上とし、かつ、前号の必要な長さの範囲内の任意の位置に遮光棒を置いたときに、検出機構が検出することができる当該遮光棒の最小直径が50ミリメートル以下であること。

三　投光器は、投光器から照射される光線が、その対となる受光器以外の受光器又はその対となる反射器以外の反射器に到達しない構造のものであること。

四　受光器は、その対となる投光器から照射される光線以外の光線に感応しない構造のものであること。ただし、感応した場合に、スライドの作動を停止させる構造のものにあっては、この限りでない。

（改正内容）第19条と同じ

【留意点】

ア　第一号の「必要な長さ」とは、ボルスターの上面の高さからスライド下面の最上位置の高さ（機械プレスではダイハイトにストローク長さを加えた高さ、液圧プレスではデーライトの高さの寸法）までの範囲を含むものであること。ただし、例えば、設置状況に応じ、スライドが下降する方式のものにあっては、スライドの下面の最上位置の高さが床面から1,400ミリメートル以下のときは1,400ミリメートルとし、1,700ミリメートルを超えるときは1,700ミリメートルとしても差し支えないこと。

イ　第二号の連続遮光幅とは、検出機構の検出能力を表すものであり、例えば、連続遮光幅を30ミリメートルとした場合は、30ミリメートル以下の円柱形状の試験片を検出面内にどのような角度で入れても検出機構が検出できるものであること。

ウ　第三号の「投光器から照射される光線が、その対となる受光器以外の受光器又はその対となる反射器以外の反射器に到達しない構造」とは、投光器からの光軸の拡がりが大きいと、周辺の構造物等からの反射光が受光器に入ることにより、身体の一部が侵入したことを検出できないおそれがあることから、投光器からの光軸の拡がり（有効開口角）を制限するものであること。この有効開口角については、検出機構が正常な動作を続けることができる投光器と受光器の光学的配置からの最大偏光角度とされていること。

エ　投光器の有効開口角は、次の表の投光器と受光器の距離に応じた値以下とすること。

投光器と受光器の距離（メートル）	0.5	1.5	3.0	6.0
有効開口角（度）	12.5	8.0	6.0	5.5

オ　第四号について、検出機構の受光器が投光器以外の光線に感応することは誤感知となるため防止しなければならないことから、対となる投光器以外の光線に受光器が感応しない構造とするか、感応した場合にはスライドを停止させる構造とすること。

第20条の２　材料の送給装置等を備えたプレス機械に取り付ける光線式安全装置の検出機構の投光器及び受光器は、次の各号に定めるところに適合するものである場合は、前条第一号の規定にかかわらず、当該送給装置等に係る検出を無効にできる構造とすることができる。
一　検出を無効とするための切替えは、キースイッチにより１光軸ごとに設定を行うものであること。
二　検出を無効にする送給装置等に変更があったときには、再び前号の設定を行わなければスライドを作動させることができない構造のものであること。
三　検出を無効にする送給装置等が取り外されたときには、スライドの作動による危険を防止するために投光器及び受光器が必要な長さにわたり有効に作動するものであること。

（改正内容）第19条と同じ

【留意点】

ア「材料の送給装置等を備えたプレス機械」とは、加工物の送給、排出のための送給装置又は突出した下型等を備えたプレス機械があること。

イ　第二号の「検出を無効にする送給装置等に変更があったとき」とは、異なる種類の送給装置等に変更すること、送給装置等の位置を変更することがあること。

第21条　シャーに係る光線式安全装置の投光器及び受光器の光軸は、シャーのテーブル面からの高さが当該光軸を含む鉛直面と危険限界との水平距離の0.67倍（それが180ミリメートルを超えるときは、180ミリメートル）以下となるものでなければならない。
２　前項の投光器及び受光器で、その光軸を含む鉛直面と危険限界との水平距離が270ミリメートルを超えるものは、当該光軸と刃物との間に１以上の光軸を有するものでなければならない。

【留意点】

第２項は、投光器等の光軸とシャーの危険限界との水平距離が270ミリメートルを超える場合には、作業者の手が当該光軸を遮ることなく上方から危険限界に接近することが可能となるため、当該光軸と刃物との間にさらに１以上の光軸を設けるべきことを規定したものであること。

第４章の２　制御機能付き光線式安全装置

制御機能付き光線式安全装置

第22条　制御機能付き光線式安全装置（スライドによる危険を防止するための機構として第１条第三号の機能を利用する場合における安全装置であって、検出機構を有し、かつ、身体の一部による光線の遮断の検出がなくなったときに、スライドを作動させる機能を有するものをいう。以下同じ。）は、検出機構が、身体の一部が光線を遮断したことを検出することによりスライドの作動を停止させることができる構造のものでなければならない。

２　制御機能付き光線式安全装置は、次の各号に定めるところに適合するプレス機械に使用できるものでなければならない。

一　ボルスター上面の高さが床面から750ミリメートル以上であること。ただし、ボルスター上面から検出機構の下端までに安全囲い等が設けられている場合を除く。

二　ボルスターの奥行きが1,000ミリメートル以下であること。

三　ストローク長さが600ミリメートル以下であること。ただし、プレス機械に安全囲い等が設けられ、かつ、検出機構を設ける開口部の上端と下端との距離が600ミリメートル以下である場合を除く。

四　クランクプレス等にあっては、オーバーラン監視装置の設定の停止点が15度以内であること。

３　制御機能付き光線式安全装置の投光器及び受光器は、容易に取り外し及び取付け位置の変更ができない構造のものでなければならない。

４　制御機能付き光線式安全装置のスライドを作動させるための機構は、スライドの不意の作動を防止することができるよう、次の各号に定めるところに適合するものでなければならない。

一　キースイッチにより制御機能付き光線式安全装置の危険防止機能を選択する構造のものであること。

二　当該機構を用いてスライドを作動させる前に、起動準備を行うための操作を行うことが必要な構造のものであること。
三　30秒以内に当該機構を用いてスライドを作動させなかった場合には、改めて前号の操作を行うことが必要な構造のものであること。
5　第20条の規定は、制御機能付き光線式安全装置について準用する。この場合において、同条第二号中「50ミリメートル」とあるのは「30ミリメートル」と読み替えるものとする。

（改正内容）安全装置として、制御機能付き光線式安全装置（以下「PSDI式安全装置」という。）を追加したとともに、次の事項を定めたこと。

ア　次の要件に適合するプレス機械に使用できるものでなければならないこと。

（ア）ボルスター上面の高さが床面から750ミリメートル以上であるか、ボルスター上面から検出機構の下端に安全囲い等が設けられているもの。

（イ）ボルスターの奥行きが1,000ミリメートル以下であるもの。

（ウ）ストローク長さが600ミリメートル以下であるか、プレス機械に安全囲い等が設けられ、かつ、検出機構を設ける開口部の上端と下端との距離が600ミリメートル以下であるもの。

（エ）クランクプレス等にあっては、オーバーラン監視装置の設定の停止点が15度以内であるもの。

イ　PSDI式安全装置の投光器及び受光器は、容易に取り外し及び取り付け位置の変更ができない構造のものでなければならないこと。

ウ　PSDI式安全装置のスライドを作動させるための機構は、スライドの不意の作動を防止することができるよう、以下に定めるところに適合するものでなければならないこと。

（ア）キースイッチによりPSDI式安全装置の危険防止機能を選択する構造のものであるもの。

（イ）スライドを作動させる前に、起動準備を行うための操作を行うことが必要な構造のもの。

（ウ）30 秒以内にスライドを作動させなかった場合には、改めて（イ）の操作を行うことが必要な構造のもの。

エ　プレス機械に係る光線式安全装置に係る要件を準用することとしたこと。ただし、遮光棒の最小直径については 30 ミリメートル以下であることとしたこと。

【留意点】

ア　PSDI 式安全装置とは、プレス機械に使用する安全装置であって、PSDI 機能により、スライドを作動させるための操作部を操作しなくてもスライドを作動させるものであること。

イ　第１項の「スライドの作動を停止させることができる構造のもの」には、プレスの停止機構を利用するものも含まれること。

ウ　第２項各号の規定は、大型プレスにおいて危険限界内に作業者の全身が入り込むおそれがあり、PSDI 式安全装置を使用することが適切ではないことから、PSDI 式安全装置を使用できるプレス機械の範囲を制限したものであること。

エ　第３項の「容易に取り外し及び取付け位置の変更ができない構造」には、例えば、安全囲いのフレームに確実に固定する等により設置するものが含まれること。

オ　第４項の「スライドの不意の作動」とは、例えば、プレス作業者等が光線を意図せず遮り、そのために突然スライドが作動することなどが含まれること。このような作動により、金型内に材料が定位置にセットされていない状態でスライドが作動することによって、材料や金型が破損、飛散することによる危険が考えられること。

カ　第４項のスライドを作動させるための機構は、次の要件を満たすことが必要であること。

（ア）第一号の PSDI 機能の選択は、切替えスイッチ等により行うものであること。また、当該切替えは、キースイッチにより行う構造のものであること。

（イ）第二号は、PSDI 機能によるスライドの起動の前に、起動準備を行うための操作（セットアップ）を行うことが必要なものであること。当該セットアップは、スライドが上死点等の作業上限に停止している状態においてのみ可能であること。

（ウ）第三号は、PSDI 機能はタイマーを備え、セットアップの後、当該タイマーで設定した時間内(30 秒以内)に PSDI による起動を行わなかった場合は、PSDI 機能による起動ができなくなり、かつ、再びセットアップ操作をしなければ、PSDI 機能による起動ができない構造のものであること。

キ　プレス機械に係る光線式安全装置の検出機構の投光器及び受光器が備える要件は、連続遮光幅の要件を除き、PSDI 式安全装置においても同様であること。

第４章の３　プレスブレーキ用レーザー式安全装置

プレスブレーキ用レーザー式安全装置

第22条の２　プレスブレーキ用レーザー式安全装置（第１条第四号の機能を有し、プレスブレーキに使用する安全装置をいう。以下同じ。）は、次の各号に定めるところに適合するものでなければならない。

一　検出機構を有し、身体の一部がスライドに挟まれるおそれのある場合に、当該身体の一部が光線を遮断したことを検出することによりスライドの作動を停止させることができる構造のものであること。

二　スライドの閉じ行程の作動中に身体の一部若しくは加工物が光線を遮断したことを検出し、又はスライドが設定した位置に達した後、引き続きスライドを作動させる場合は、その速度を毎秒10ミリメートル以下（以下「低閉じ速度」という。）とする構造のものであること。

２　プレスブレーキ用レーザー式安全装置は、次の各号に適合するプレスブレーキに使用できるものでなければならない。

一　閉じ行程におけるスライドの速度を低閉じ速度とすることができる構造のものであること。

二　低閉じ速度でスライドを作動するときは、スライドを作動させるための操作部を操作している間のみスライドが作動する構造のものであること。

３　プレスブレーキ用レーザー式安全装置の検出機構は、次の各号に定めるところに適合するものでなければならない。

一　投光器及び受光器は身体の一部がスライドに挟まれるおそれのある場合に機能するよう設置でき、スライドが下降するプレスブレーキに用いるものにあっては、スライドの作動と連動して移動させることができる構造のものであること。

二　スライドの閉じ行程の作動中（低閉じ速度による作動中に限る。）に検出を無効とすることができる構造のものであること。

（改正内容）　安全装置として、プレスブレーキ用レーザー式安全装置を追加することとしたとともに、次の事項を定めたこと。

ア　検出機構を有し、身体の一部がスライドに挟まれるおそれのある場合に、当該身体の一部が光線を遮断したことを検出することによりスライドの作動を停止させることができる構造のものでなければならないこと。

イ　スライドの閉じ行程の作動中に身体の一部若しくは加工物が光線を遮断したことを検出し、又はスライドが設定した位置に達した後、引き続きスライドを作動させる場合は、その速度を毎秒 10 ミリメートル以下（以下「低閉じ速度」という。）とする構造のものでなければならないこと。

ウ　プレスブレーキ用レーザー式安全装置は、以下の要件に適合するプレスブレーキに使用できるものでなければならないこと。

（ア）閉じ行程におけるスライドの速度を低閉じ速度とすることができる構造のもの。

（イ）上記（ア）の速度でスライドを作動するときは、スライドを作動させるための操作部を操作している間のみスライドが作動する構造のもの。

エ　プレスブレーキ用レーザー式安全装置の検出機構は、以下の要件を満たすものでなければならないこと。

（ア）投光器及び受光器は身体の一部がスライドに挟まれるおそれがある場合に機能するよう設置でき、スライドが下降するプレスブレーキに用いるものにあっては、スライドの作動と連動して移動させることのできる構造のもの。

（イ）スライドの閉じ行程の作動中（上記ウ（ア）の速度による作動中に限る。）に検出を無効とすることができる構造のもの。

【留意点】

ア　プレスブレーキ用レーザー式安全装置は、材料を手で保持しながら作業を行うなどプレスブレーキ特有の作業方法に由来する挟まれ災害を防止するため、身体の一部がスライドに挟まれるおそれのある場合に、当該身体の一部が金型の上型の下端の下方又はその手前の位置に設置した検出機構のレーザー光線を遮断したことを検出することにより、スライドの作動を停止させることができ、また、スライドが低閉じ速度により作動している場合は、光線が遮断したことの検出を無効とすることができるものであること。

イ　第１項第一号の「身体の一部がスライドに挟まれるおそれのある場合」とは、スライドの閉じ行程の作動中（低閉じ速度以外の速度による作動に限る。）に身体の一部が危険限界内にある場合をいうこと。

ウ　第１項第二号のスライドの作動を停止させることができる構造のものには、プレスの停止機構を利用するものも含まれること。

エ　第２項第二号の「スライドを作動させるための操作部を操作している間のみスライドが作動する構造」とは、いわゆる保持式の操作のことをいうものであり、プレスブレーキ用レーザー式安全装置を用いた際の加工作業においてはスライドと手が近接することが多いことから、スライドを作動させるための操作部を操作しなければスライドが作動せず、かつ、スライドの作動中にスライドを作動させるための操作部から手が離れた時はスライドの作動が停止する構造のものをいうこと。

なお、フートスイッチを用いる場合は、踏んでいる状態である間のみスライドが作動するものとすること。この場合、スイッチを踏まない状態のときにはスライドが停止しており、踏んだときにスライドが作動し、さらに深く踏み込んだときにスライドが停止するもの（３ポジションタイプ）も含まれること。

オ　第３項第一号のプレスブレーキ用レーザー式安全装置の検出機構は、金型の上型の下端の下方又はその手前の位置に光軸が設定されるよう投光器及び受光器を設け、スライドが下降するプレスブレーキに用いるものにあっては投光器及び受光器がスライドの作動に連動して移動することで当該光軸も移動するものであること。

カ　第３項第二号は、加工に際してスライドが加工材に接近し、プレスブレーキ用レーザー式安全装置の検出機構が加工材又は下型を検出した場合には、スライドの作動が停止されるので加工作業ができなくなるが、スライドの速度が低閉じ速度、かつ、操作部を操作している間のみスライドを作動させることができるものとすることにより、当該加工作業に関し、当該検出機構の検出を無効（ブランキング）とすることができることとしたこと。

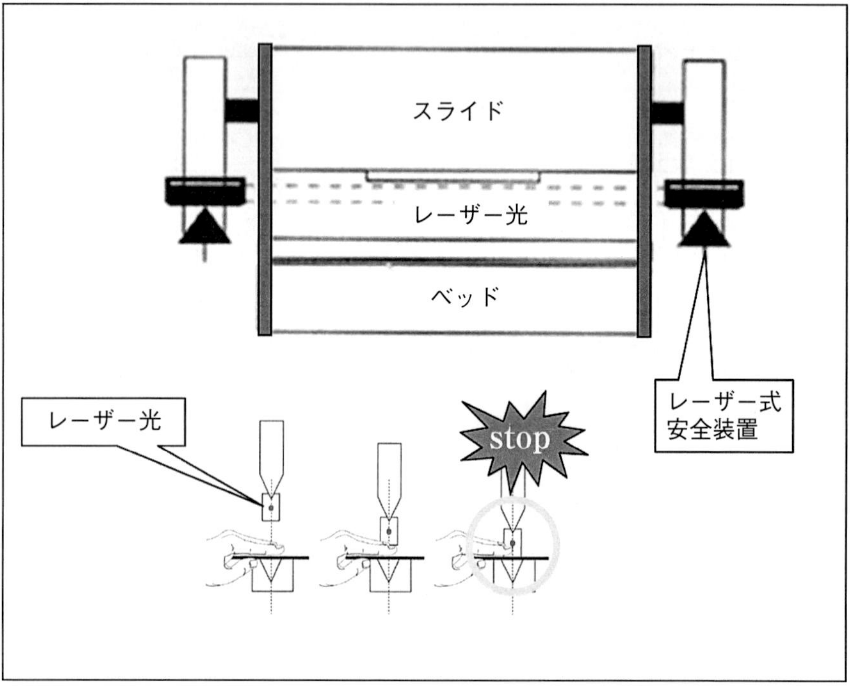

（第 22 条の２関係）『参考図 12』プレスブレーキ用レーザー式安全装置

第5章　手引き式安全装置

手引き式安全装置

第23条　第1条第五号の機能を有するプレス機械の安全装置は、手引き式のもの（以下「手引き式安全装置」という。）でなければならない。

手引きひもの調節

第23条の2　手引き式安全装置は、手引きひもの引き量が調節できる構造のものでなければならない。

2　手引きひもの引き量は、ボルスターの奥行きの2分の1以上でなければならない。

手引きひも

第24条　手引き式安全装置の手引きひもは、次の各号に定めるところに適合するものでなければならない。

一　材料は、合成繊維であること。

二　直径は、4ミリメートル以上であること。

三　切断荷重は、調節金具を取り付けた状態で1.5キロニュートン以上であること。

リストバンド

第25条　手引き式安全装置のリストバンドは、次の各号に定めるところに適合するものでなければならない。

一　材料は、皮革等であること。

二　手引きひもとの連結部は、0.49キロニュートン以上の静荷重に耐えるものであること。

【留意点】第一号の「皮革等」の「等」には、人造皮革が含まれること。

第6章　雑　則

表　示

第26条　プレス機械の安全装置は、次の事項が表示されているものでなければならない。

一　製造番号

二　製造者名

三　製造年月

四　安全装置の種類

五　使用できるプレス機械の種類、圧力能力、ストローク長さ（両手操作式安全装置の場合を除く。）、毎分ストローク数（インターロックガード式安全装置及び手引き式安全装置の場合に限る。）及び金型の大きさの範囲

六　開放停止型インターロックガード式安全装置、両手操作式安全装置、光線式安全装置及び制御機能付き光線式安全装置にあっては、次に定める事項

イ　開放停止型インターロックガード式安全装置にあっては、ガードを開いた時から急停止機構が作動を開始する時までの時間（単位　ミリ秒）

ロ　両手操作式安全装置（第16条第二号に定めるところに適合するものに限る。以下「安全一行程式安全装置」という。）にあっては、スライドを作動させるための操作部から手が離れた時から急停止機構が作動を開始する時までの時間（単位　ミリ秒）

ハ　両手操作式安全装置（第16条第二号に定めるところに適合するものを除く。以下「両手起動式安全装置」という。）にあっては、スライドを作動させるための操作部を操作した時から使用できるプレス機械のスライドが下死点に達する時までの所要最大時間（単位　ミリ秒）

ニ　光線式安全装置及び制御機能付き光線式安全装置にあっては、身体の一部が光線を遮断した時から急停止機構が作動を開始する時ま

での時間（単位　ミリ秒）

ホ　使用できるプレス機械の停止時間（急停止機構が作動を開始した時からスライドが停止する時までの時間をいう。）（単位　ミリ秒）

ヘ　開放停止型インターロックガード式安全装置、安全一行程式安全装置、光線式安全装置及び制御機能付き光線式安全装置にあってはホの停止時間に、両手起動式安全装置にあってはハに規定する所要最大時間に応じた安全距離（両手操作式安全装置にあってはスライドを作動させるための操作部と危険限界との距離を、光線式安全装置及び制御機能付き光線式安全装置にあっては光軸と危険限界との距離をいう。）（単位　ミリメートル）

七　光線式安全装置及び制御機能付き光線式安全装置にあっては、次に定める事項

イ　有効距離（その機能が有効に作用する投光器と受光器との距離の限度をいう。）（単位　ミリメートル）

ロ　使用できるプレス機械の防護高さ（単位　ミリメートル）

八　プレスブレーキ用レーザー式安全装置にあっては、次に定める事項

イ　レーザー光線を遮光した時から急停止機構が作動し、スライドが停止するまでの時間（単位　ミリ秒）

ロ　使用できるプレスブレーキの急停止距離（イの時間に応じスライドが停止するまでの距離をいう。）（単位　ミリメートル）

ハ　有効距離（単位　ミリメートル）

九　手引き式安全装置にあっては、最大手引き量（単位　ミリメートル）

2　シャーの安全装置は、次の事項が表示されているものでなければならない。

一　製造番号

二　製造者名

三　製造年月

四　安全装置の種類

五　使用できるシャーの種類

六　使用できるシャーの裁断厚さ（単位　ミリメートル）

七　使用できるシャーの刃物の長さ（単位　ミリメートル） 八　開放停止型インターロックガード式安全装置、両手操作式安全装置及び光線式安全装置にあっては、前項第六号の事項 九　光線式安全装置にあっては、前項第七号イの事項

（改正内容）安全装置の表示事項として、安全装置の種類、PSDI式安全装置に係る事項及びプレスブレーキ用レーザー式安全装置に係る事項を追加したほか、安全装置の種類を追加したことに伴って必要な事項を追加したこと。

【留意点】

ア　第１項第四号の「安全装置の種類」とは、次の分類によること。

インターロックガード式安全装置、開放停止型インターロックガード式安全装置、安全一行程式安全装置、両手起動式安全装置、光線式安全装置、制御機能付き光線式安全装置（又はPSDI式安全装置）、プレスブレーキ用レーザー式安全装置、手引き式安全装置

イ　第１項第六号イからホまでの表示については、それぞれ次の用語を用いて差し支えないこと。

イ、ロ及びニについては「遅動時間（Tl）」

ハについては「所要最大時間（Tm）」

ホについては「急停止時間（Ts）」

ウ　第１項第六号への表示は、次のとおりであること。

（ア）開放停止型インターロックガード式安全装置、安全一行程式安全装置、光線式安全装置及びPSDI式安全装置については、

$$D = 1.6\,(Tl + Ts) + C$$

D ：安全距離（単位　ミリメートル）

Tl：遅動時間（単位　ミリセカンド）

Ts：急停止時間（単位　ミリセカンド）

C ：光線式安全装置及びPSDI式安全装置について、次頁の表に掲げる連続遮光幅に応じた追加距離(ミリメートル)

i　光線式安全装置

連続遮光幅（ミリメートル）	30以下	30を超え35以下	35を超え45以下	45を超え50以下
追加距離（ミリメートル）	0	200以上	300以上	400以上

ii　PSDI式安全装置

連続遮光幅（ミリメートル）	14以下	14を超え20以下	20を超え30以下
追加距離（ミリメートル）	0	80以上	130以上

の関係式において、DとTsとの関係を次のようなグラフで表示することとしても差し支えないものであること。

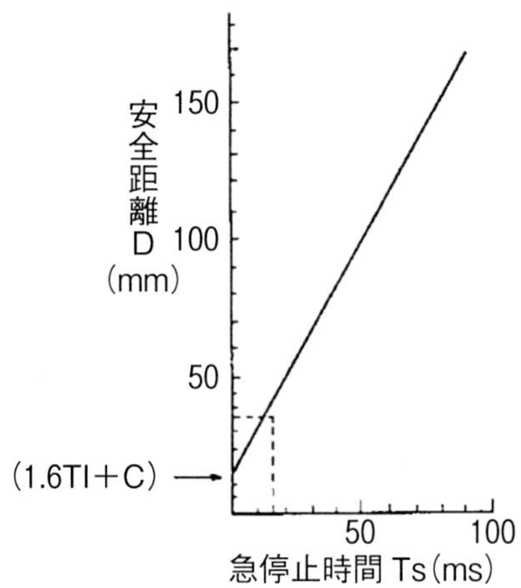

（イ）両手起動式安全装置については、

D = 1.6Tm

Tm（所要最大時間（単位　ミリセカンド））

= （1/2 + 1/N） × 60,000/毎分ストローク数

N：クラッチの掛合い箇所の数

の関係式において、Dと毎分ストローク数との関係を次頁のようなグラフで表示することとしても差し支えないものであること。

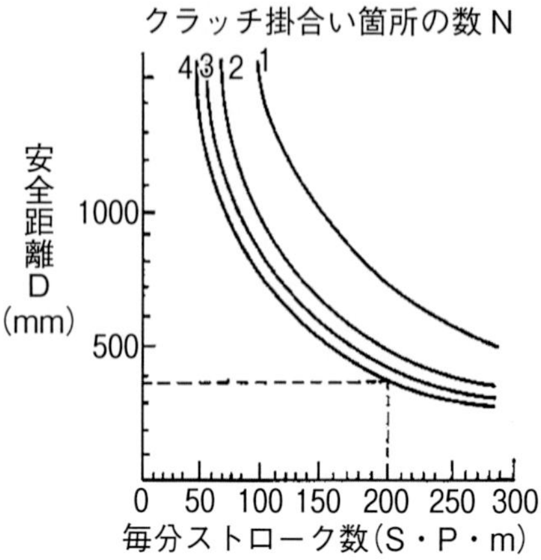

エ　第２項第四号の「安全装置の種類」とは、次の分類によること。
インターロックガード式安全装置、開放停止型インターロックガード式安全装置、両手操作式安全装置、光線式安全装置

適用除外

<u>第 27 条</u>　プレス等の安全装置で前各章の規定を適用することが困難なものについて、厚生労働省労働基準局長が前各章の規定に適合するものと同等以上の性能があると認めた場合は、この告示の関係規定は、適用しない。

従前の第 23 条の手払い式安全装置の規定は削除されるものであるが、改正後も、当分の間、ポジティブクラッチ式の両手起動式プレス機械であって、毎分ストローク数が 120 以下のもの等一定の要件を満たすものに限って使用できることとしたこと。

附　則

1　この告示は、平成23年7月1日から適用する。

2　この告示の適用の日において、現に製造しているプレス等の安全装置若しくは現に存するプレス等の安全装置又は現に労働安全衛生法第44条の2第1項の規定による検定若しくは同法第44条の3第2項の規定による型式検定に合格している型式のプレス等の安全装置（当該型式に係る型式検定合格証の有効期間内に製造し、又は輸入するものに限る。）の規格については、なお従前の例による。

3　第23条の規定にかかわらず、第1条第五号の機能を有するプレス機械の安全装置であって手払い式のものについては、当分の間、次の各号に適合するものに限り、使用することができる。

一　次に掲げる規格に適合するプレス機械に使用するものであること。

イ　スライドを作動させるための操作部を両手で操作することにより起動する構造を有するポジティブクラッチ式のものであること。

ロ　ストローク長さが40ミリメートル以上であって防護板（スライドの作動中に手の安全を確保するためのものをいう。以下同じ。）の長さ（当該防護板の長さが300ミリメートル以上のものにあっては、300ミリメートル）以下のものであること。

ハ　毎分ストローク数が120以下のものであること。

二　手払い棒の長さ及び振幅を調節することができる構造のものであること。

三　幅が金型の幅の2分の1（金型の幅が200ミリメートル以下のプレス機械に使用するものにあっては、100ミリメートル）以上、かつ、高さがストローク長さ（ストローク長さが300ミリメートルを超えるプレス機械に使用するものにあっては、300ミリメートル）以上の防護板が手払い棒に取り付けられているものであること。

四　手払い棒の振幅は、金型の幅以上であること。

五　次の事項が表示されているものであること。

イ　製造番号

ロ　製造者名

ハ　製造年月
ニ　安全装置の種類
ホ　使用できるプレス機械の種類、圧力能力、ストローク長さ、毎分ストローク数及び金型の大きさの範囲
ヘ　手払い棒の最大振り幅（単位　ミリメートル）

【留意点】

ア　「現に製造している」とは、現に設計が完了された以降の過程にあるということ。

なお、同一設計により、量産されるものについては、個別に製作過程にあるか否かにより、現に製造されているか否かを判断すること。

イ　「現に存する」とは、製造の全過程が終了し、現に設置使用されており、又は使用されないで保管されているものをいうこと。

ウ　手払い式安全装置は防護範囲が不足する場合があることから、安全措置を講じることが困難なポジティブクラッチプレスのうち、両手操作により起動するものに限り使用できることとしたこと。

また、高速のプレス機械に使用すると手が払われた場合の衝撃が大きいことから、毎分ストローク数120以下のものに限り設置することができることとしたこと。

エ　第3項第二号の「振幅」とは、次頁の図に示す値をいうこと。

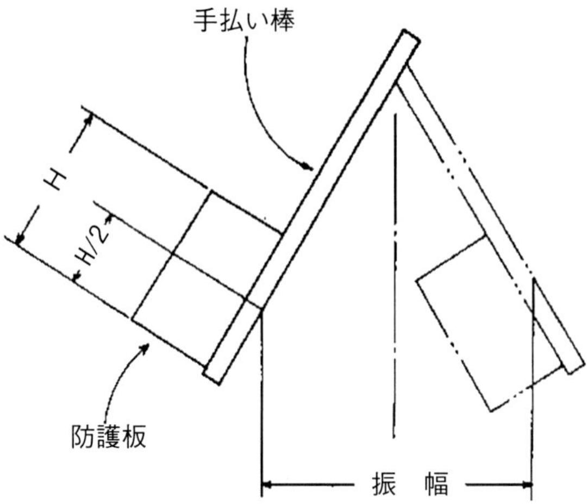
手払い棒
H
H/2
防護板
振　幅

Ⅲ　動力プレス機械構造規格の新旧対照条文

動力プレス機械構造規格の新旧対照表

H23.1.12 厚生労働省告示第４号（抄）H23.7.1 施行　　（S52.12.26 労働省告示第 116 号（抄）S53.1.1 施行）

改　正　後	（改　正　前）
目次	目次
第一章　構造及び機能（第一条－第八条）	第一章　総則
	第一節　行程及び操作（第一条－第八条）
第二章　電気系統（第九条－第十五条）	第二節　電気系統（第九条－第十三条）
第三章　機械系統（第十六条－第三十二条）	第三節　機械系統（第十四条・第十五条）
	第二章　機械プレス（第十六条－第三十五条）
第四章　液圧系統（第三十三条－第三十五条）	第三章　液圧プレス（第三十六条－第四十条）
第五章　安全プレス（第三十六条－第四十五条）	第四章　安全プレス（第四十一条－第五十条）
第六章　雑則（第四十六条・第四十七条）	第五章　雑則（第五十一条・第五十二条）
附則	附則
第一章　構造及び機能	第一章　総則
	第一節　行程及び操作

（一行程一停止機構） 第一条　労働安全衛生法別表第二第十一号の動力により駆動されるプレス機械（以下「動力プレス」という。）は、一行程一停止機構を有するものでなければならない。ただし、身体の一部が危険限界に入らない構造の動力プレスにあっては、この限りでない。	（一行程一停止機構） 第一条　労働安全衛生法別表第二第十一号の動力により駆動されるプレス機械（以下「動力プレス」という。）は、一行程一停止機構を有するものでなければならない。
（急停止機構） 第二条　動力プレスは、急停止機構を有するものでなければならない。ただし、次の各号に掲げる動力プレスにあっては、この限りでない。 一　身体の一部が危険限界に入らない構造の動力プレス 二　第三十七条のインターロックガード式の安全プレス（同条第二号ただし書の構造のものを除く。） 2　（略）	（急停止機構） 第二条　動力プレス（ポジチブクラッチを有する動力プレスを除く。）は、急停止機構を有するものでなければならない。ただし、次の各号に掲げる動力プレスにあっては、この限りでない。 一　専用プレス（特定の用途に限り使用でき、かつ、身体の一部が危険限界に入らない構造の動力プレスをいう。以下同じ。） 二　第四十二条第一項のガード式の安全プレス 2　（略）

（非常停止装置の操作部） 第四条　非常停止装置の操作部は、次の各号に定めるところに適合するものでなければならない。 一　赤色で、かつ、容易に操作できるものであること。 二　操作ステーションごとに備えられ、かつ、アプライトがある場合にあっては当該アプライトの前面及び後面に備えられているものであること。	（非常停止用の押しボタン） 第四条　非常停止装置を作動させるための押しボタンは、次の各号に定めるところに適合するものでなければならない。 一　赤色で、かつ、突頭型のものであること。 二　操作ステーションごとに備えられ、かつ、アプライトがある場合にあつては当該アプライトの前面及び後面に備えられているものであること。
（安全ブロック等） 第六条　動力プレスは、スライドが不意に下降することを防止することができる安全ブロック又はスライドを固定する装置（以下「安全ブロック等」という。）を備え、かつ、当該安全ブロック等の使用中はスライドを作動させることができないようにするためのインターロック機構を有するものでなければならない。 2　安全ブロック等は、スライド及び上型の自重を支えることができるものでなければならない。	（安全ブロック） 第六条　動力プレスは、スライドが不意に下降することを防止することができる安全ブロックを備え、かつ、当該安全ブロックの使用中はスライドを作動させることができないようにするためのインターロック機構を有するものでなければならない。

（プレスの起動時等の危険防止） 第七条　動力プレスは、その電源を入れた後、当該動力プレスのスライドを作動させるための操作部を操作しなければスライドが作動しない構造のものでなければならない。 2　動力プレスのスライドを作動させるための操作部は、接触等によりスライドが不意に作動することを防止することができる構造のものでなければならない。 3　連続行程を備える動力プレスは、行程の切替えスイッチの誤操作によって意図に反した連続行程によるスライドの作動を防止することができる機能を有するものでなければならない。ただし、身体の一部が危険限界に入らない構造の動力プレスにあっては、この限りでない。 （切替えスイッチ） 第八条　動力プレスに備える行程の切替えスイッチ及び操作の切替えスイッチは、次の各号に定めるところに	（フートスイッチ等の覆い） 第七条　動力プレスに備える操作用のフートスイッチ又はペダルは、接触等によりスライドが不意に作動することを防止するための覆いを備えているものでなければならない。 （切替えスイッチ） 第八条　動力プレスに備える行程の切替えスイッチ及び操作の切替えスイッチは、次の各号に定めるところに

適合するものでなければならない。ただし、第一号の規定は、第三十六条第二項に規定する切替えスイッチについては、適用しない。	適合するものでなければならない。
一　キーにより切り替える方式のもので、当該キーをそれぞれの切替え位置で抜き取ることができるものであること。	一　キーにより切り替える方式のもので、当該キーをそれぞれの切替え位置で抜き取ることができるものであること。ただし、第四十一条第二項に規定する切替えスイッチにあつては、この限りでない。
二　それぞれの切替え位置で確実に保持されるものであること。	二　それぞれの切替え位置で確実に保持されるものであること。
三　行程の種類及び操作の方法が明示されているものであること。	三　行程の種類及び操作の方法が明示されているものであること。
第二章　電気系統	第二節　電気系統
（防振措置）	（防振措置）
第十条　動力プレスのリレー、トランジスター等の電気部品の取付け部又は制御盤及び操作盤と動力プレスの本体との取付け部は、防振措置が講じられているもの	第十条　動力プレスのリレー、トランジスター等の電気部品の取付け部又は制御盤若しくは操作盤と動力プレスの本体との取付け部は、防振措置が講じられている

でなければならない。 （電気回路） 第十一条　動力プレスの主電動機の駆動用電気回路は、停電後通電が開始されたときには再起動操作をしなければ主電動機が駆動しないものでなければならない。ただし、身体の一部が危険限界に入らない構造の動力プレスにあっては、この限りでない。 2　動力プレスの制御用電気回路及び操作用電気回路は、リレー、リミットスイッチ等の電気部品の故障、停電等によりスライドが誤作動するおそれのないものでなければならない。ただし、身体の一部が危険限界に入らない構造の動力プレスにあっては、この限りでない。 （操作用電気回路の電圧） 第十二条　動力プレスの操作用電気回路の電圧は、百五十ボルト以下でなければならない。	ものでなければならない。 （電気回路） 第十一条　動力プレスの主電動機の駆動用電気回路は、停電後通電が開始されたときには再起動操作をしなければ主電動機が駆動しないものでなければならない。ただし、専用プレスにあつては、この限りでない。 2　動力プレスの制御用電気回路及び操作用電気回路は、リレー、リミットスイッチ等の電気部品の故障、停電等によりスライドが不意に作動するおそれのないものでなければならない。ただし、専用プレスにあつては、この限りでない。 （操作用電気回路の電圧） 第十二条　動力プレスの操作用電気回路の電圧は、百五十ボルト以下のものでなければならない。

（主要な電気部品） 第十四条　動力プレスの制御用電気回路及び操作用電気回路のリレー、リミットスイッチその他の主要な電気部品は、当該動力プレスの機能を確保するための十分な強度及び寿命を有するものでなければならない。 ２　動力プレスに設けるリミットスイッチ等は、不意の接触等を防止し、かつ、容易にその位置を変更できない措置が講じられているものでなければならない。 （電気回路の収納箱等） 第十五条　動力プレスの制御用電気回路及び操作用電気回路が収納されている箱は、水、油若しくは粉じんの侵入又は外力によりこれらの電気回路の機能に障害を生ずるおそれのない構造のものでなければならない。 ２　前項の箱から露出している充電部分は、絶縁覆いが設けられているものでなければならない。 第三章　機械系統	第三節　機械系統

（ばね）	（ばね）
第十四条　動力プレスに使用するばねであつてその破損、脱落等によつてスライドが不意に作動するおそれのあるものは、次の各号に定めるところに適合するものでなければならない。	第十六条　動力プレスに使用するばねであってその破損、脱落等によってスライドが誤作動するおそれのあるものは、次の各号に定めるところに適合するものでなければならない。
一　圧縮型のものであること。	一　圧縮型のものであること。
二　ロッド、パイプ等に案内されるものであること。	二　ロッド、パイプ等に案内されるものであること。
（ボルト等）	（ボルト等）
第十五条　動力プレスに使用するボルト、ナット等であつてその緩みによつてスライドの誤作動、部品の脱落等のおそれのあるものは、緩み止めが施されているものでなければならない。	第十七条　動力プレスに使用するボルト、ナット等であってその緩みによってスライドの誤作動、部品の脱落等のおそれのあるものは、緩み止めが施されているものでなければならない。
2　動力プレスに使用するピンであつてその抜けによつてスライドの誤作動、部品の脱落等のおそれのあるものは、抜け止めが施されているものでなければならない。	2　動力プレスに使用するピンであってその抜けによってスライドの誤作動、部品の脱落等のおそれのあるものは、抜け止めが施されているものでなければならない。

（削除）

第十八条・第十九条　（略）

第二十条　（略）

機械プレスの種類	クラッチの構成部分	処　理	表面硬さ値
ピンクラッチプレス	クラッチピン	焼入れ焼もどし	五二以上五六以下
	クラッチ作動用カム	炭素工具鋼にあっては	五二以上五六以下

第二章　機械プレス

（主電動機駆動時の危険防止）

第十六条　機械プレスは、クラッチが接続された状態でスライドが停止している場合は、主電動機が駆動できない構造のものでなければならない。ただし、専用プレスにあつては、この限りでない。

第十七条・第十八条　（略）

第十九条　（略）

機械プレスの種類	クラッチの構成部分	処　理	表面硬さ値
ピンクラッチプレス	クラッチピン	焼入れ焼もどし	五二以上五六以下
	クラッチ作動用カム	炭素工具鋼にあつては	五二以上五六以下

	五四以上五八以下
接続部のみ焼入れ焼もどし　クロムモリブデン鋼にあつては浸炭後焼入れ焼もどし	合金工具鋼にあつては焼入れ焼もどし　クロムモリブデン鋼にあつては浸炭後焼入れ焼もどし
	クラッチピン当て金

	五四以上五八以下
接続部のみ焼入れ焼もどし　クロムモリブデン鋼にあつては浸炭後焼入れ焼もどし	合金工具鋼にあつては焼入れ焼もどし　クロムモリブデン鋼にあつては浸炭後焼入れ焼もどし
	クラッチピン当て金

（以下　略）	（以下　略）
（クラッチの構造等） 第二十一条　機械プレスのクラッチで空気圧によって作動するものは、ばね緩め型の構造のもの又はこれと同等以上の機能を有する構造のものでなければならない。	（クラッチの構造等） 第二十条　機械プレスのクラッチで空気圧によつて作動するものは、ばね緩め型の構造のもの又はこれと同等以上の機能を有する構造のものでなければならない。
第二十二条　機械プレスのクラッチは、フリクションクラッチ式のものでなければならない。ただし、機械プレス（機械プレスブレーキを除く。）であって、第二条第一項各号に掲げるものに該当するものにあっては、この限りでない。	
第二十三条　ピンクラッチプレスのクラッチは、クラッチ作動用カムがクラッチピンを戻す範囲を超えない状態でクランク軸の回転を停止させることができるストッパーを備えているものでなければならない。	第二十一条　ピンクラッチプレスのクラッチは、クラッチ作動用カムがクラッチピンをもどす範囲を超えない状態でクランク軸の回転を停止させることができるストッパーを備えているものでなければならない。

2　（略）	2　（略）
3　クラッチ作動用カムは、作動させなければ押し戻されない構造のものでなければならない。	3　クラッチ作動用カムは、作動させなければ押しもどされない構造のものでなければならない。
4　（略）	4　（略）
（削除）	第二十二条　機械プレスブレーキのクラッチは、フリクションクラッチ式のものでなければならない。
（削除）	（ブレーキ） 第二十三条　機械プレスでクランク軸等の偏心機構を有するもの（以下「クランクプレス等」という。）に備えるブレーキは、ブレーキ面に油脂類が浸入しない構造のものでなければならない。ただし、湿式ブレーキにあつては、この限りでない。
（ブレーキ） 第二十四条　機械プレスのブレーキは、次の各号に定めるところに適合するものでなければならない。ただし、	

第二十四条　クランクプレス等で空気圧によつてクラッチを作動するもののブレーキは、ばね締め型の構造のもの又はこれと同等以上の機能を有する構造のものでなければならない。

2　前項のクランクプレス等以外のクランクプレス等のブレーキは、バンドブレーキ以外のものでなければならない。ただし、機械プレスブレーキ以外のクランクプレス等で、圧力能力が千キロニュートン以下のものにあつては、この限りでない。

（回転角度の表示計）

第二十五条　クランクプレス等は、見やすい箇所にクラ

第二号の規定は、湿式ブレーキについては、適用しない。

二　バンドブレーキ以外のものであること。

三　ブレーキ面に油脂類が侵入しない構造のものであること。

2　クランク軸等の偏心機構を有する動力プレス（以下「クランクプレス等」という。）で空気圧によってクラッチを作動するもののブレーキは、ばね締め型の構造のもの又はこれと同等以上の機能を有する構造のものでなければならない。

（回転角度の表示計）

第二十五条　クランクプレス等は、見やすい箇所にクラ

ンク軸等の回転角度を示す表示計を備えているものでなければならない。ただし、身体の一部が危険限界に入らない構造の動力プレス及び自動プレス（自動的に材料の送給及び加工並びに製品等の排出を行う構造の動力プレスをいう。）にあっては、この限りでない。	ンク軸等の回転角度を示す表示計を備えているものでなければならない。
（削除）	（停止角度） 第二十六条　ピンクラッチプレス及びキークラッチプレスは、クランクピンの停止角度（クランクピンの設定の停止点とクランクピンの停止点とによるクランク軸の中心の角度をいう。）が十度以内となるものでなければならない。
（オーバーラン監視装置） 第二十六条　クランク軸等の回転数が毎分三百回転以下のクランクプレス等は、オーバーラン監視装置（クランクピン等がクランクピン等の設定の停止点で停止することができない場合に急停止機構に対しクランク軸	（オーバーラン監視装置） 第二十七条　クランク軸等の回転数が毎分三百回転以下のクランクプレス等は、オーバーラン監視装置（クランクピン等がクランクピン等の設定の停止点で停止することができない場合に急停止機構に対しクランク軸

等の回転の停止の指示を行うことができる装置をいう。）を備えているものでなければならない。ただし、急停止機構を有することを要しないクランクプレス等又は自動プレスにあっては、この限りでない。	等の回転の停止の指示を行うことができる装置をいう。）を備えているものでなければならない。ただし、急停止機構を有することを要しないクランクプレス等にあつては、この限りでない。
2　前項のオーバーラン監視装置を備えるクランクプレス等は、オーバーラン監視装置により急停止機構が作動した場合は、スライドを始動の状態に戻した後でなければスライドが作動しない構造のものでなければならない。	
（削除）	（適用除外） 第二十八条　前三条の規定は、専用プレス及び自動プレス（自動的に材料の送給及び加工並びに製品等の排出を行う構造の動力プレスをいう。）については、適用しない。
（クラッチ又はブレーキ用の電磁弁） 第二十七条　空気圧又は油圧によってクラッチ又はブ	（電磁弁） 第二十九条　空気圧又は油圧によつてクラッチ又はブ

レーキを制御する機械プレスは、次の各号に適合する電磁弁を備えるものでなければならない。ただし、第一号の規定は、身体の一部が危険限界に入らない構造の動力プレスについては、適用しない。	レーキを制御する機械プレスは、次の各号に適合する電磁弁を備えるものでなければならない。ただし、第一号の規定は、専用プレスについては、適用しない。
一　複式のものであること。	一　複式のものであること。
二　ノルマリクローズド型であること。	二　ノルマリクローズド型であること。
三　空気圧により制御するものにあっては、プレッシャーリターン型であること。	三　空気圧により制御するものにあつては、プレッシャーリターン型であること。
四　油圧により制御するものにあっては、ばねリターン型であること。	四　油圧により制御するものにあつては、ばねリターン型であること。
第二十八条・第二十九条　（略）	第三十条・第三十一条　（略）
（カウンターバランス）	（カウンターバランス）
第三十条　機械プレスのスライドのカウンターバランスは、次の各号に適合するものでなければならない。	第三十二条　機械プレスのスライドのカウンターバランスは、次の各号に適合するものでなければならない。
一　スプリング式のカウンターバランスにあっては、スプリング等の部品が破損した場合に当該部品の飛	一　スプリング式のカウンターバランスにあつては、スプリング等の部品が破損した場合に当該部品の飛

散を防止することができる構造のものであること。 二　空気圧式のカウンターバランスにあっては、次の要件を満たす構造のものであること。 イ・ロ　（略）	散を防止することができる構造のものであること。 二　空気圧式のカウンターバランスにあつては、次の要件を満たす構造のものであること。 イ・ロ　（略）
（安全プラグ等） 第三十一条　機械プレスブレーキ以外の機械プレスでボルスターの各辺の長さが千五百ミリメートル未満のもの又はダイハイトが七百ミリメートル未満のもの及びプレスブレーキにあっては、第六条の規定にかかわらず、安全ブロック等に代えて安全プラグ又はキーロックとすることができる。 2　（略） 3　第一項のキーロックは、主電動機への通電を遮断することができるものでなければならない。	（安全プラグ等） 第三十三条　機械プレスブレーキ以外の機械プレスでボルスターの各辺の長さが千五百ミリメートル未満のもの又はダイハイトが七百ミリメートル未満のもの及び機械プレスブレーキにあつては、第六条の規定にかかわらず、安全ブロックに代えて安全プラグ又はキーロックとすることができる。 2　（略） 3　第一項のキーロックは、主電動機への通電をしや断することができるものでなければならない。
（サーボプレスの停止機能） 第三十二条　サーボプレスは、スライドを減速及び停止	

させることができるサーボシステムの機能に故障があった場合に、スライドの作動を停止することができるブレーキを有するものでなければならない。 2　サーボプレスは、前項のブレーキに異常が生じた場合は、スライドの作動を停止し、かつ、再起動操作をしても作動しない構造のものでなければならない。 3　スライドの作動をベルト又はチェーンを介して行うサーボプレスにあっては、ベルト又はチェーンの破損による危険を防止するための措置が講じられているものでなければならない。 第四章　液圧系統 （スライド落下防止装置） 第三十三条　液圧プレスは、スライド落下防止装置を備えていなければならない。ただし、身体の一部が危険限界に入らない構造の液圧プレスにあっては、この限りでない。	

（削除）	第三十四条～第三十八条　（略）
第三十四条・第三十五条　（略）	第三十九条・第四十条　（略）
第五章　安全プレス	第四章　安全プレス
（危険防止機能）	（危険防止機能）
第三十六条　動力プレスで、スライドによる危険を防止するための機構を有するもの（以下「安全プレス」という。）は、次の各号のいずれかに該当する機能を有するものでなければならない。	第四十一条　動力プレスで、スライドによる危険を防止するための機構を有するもの（以下「安全プレス」という。）は、次の各号のいずれかに該当する機能を有するものでなければならない。
一　スライドの上型と下型との間隔が小さくなる方向への作動中（スライドが身体の一部に危険を及ぼすおそれのない位置にあるときを除く。以下「スライドの閉じ行程の作動中」という。）に身体の一部が危険限界に入るおそれが生じないこと。	一　スライドの作動中に身体の一部が危険限界に入るおそれが生じないこと。
二　スライドの閉じ行程の作動中にスライドを作動させるための操作部から離れた手が危険限界に達するまでの間にスライドの作動を停止することができること。	二　スライドを作動させるための押しボタン又は操作レバー（以下「押しボタン等」という。）から離れた手が危険限界に達するまでの間にスライドの作動を停止することができること。

三　スライドの閉じ行程の作動中に身体の一部が危険限界に接近したときにスライドの作動を停止することができること。	三　スライドの作動中に身体の一部が危険限界に接近したときにスライドの作動を停止することができること。
2　（略）	2　（略）
3　安全プレスの構造は、第一項の機能が損なわれることがないよう、その構造を容易に変更できないものでなければならない。	
（インターロックガード式の安全プレス）	（ガード式の安全プレス）
第三十七条　インターロックガード式の安全プレス（スライドによる危険を防止するための機構として前条第一項第一号の機能を利用する場合における当該安全プレスをいう。）は、寸動の場合を除き、次の各号に定めるところに適合するものでなければならない。	第四十二条　ガード式の安全プレス（スライドによる危険を防止するための機構として前条第一項第一号の機能を利用する場合における当該安全プレスをいう。）は、寸動の場合を除き、ガードを閉じなければスライドが作動しない構造のものでなければならない。
一　ガードを閉じなければスライドが作動しない構造のものであること。	
二　スライドの閉じ行程の作動中（フリクションクラッチ式以外のクラッチを有する機械プレスにあっ	

ては、スライドの作動中）は、ガードを開くことができない構造のものであること。ただし、ガードを開けてから身体の一部が危険限界に達するまでの間にスライドの作動を停止することができるものにあっては、この限りでない。	
（削除）	2　前項のガードは、寸動の場合を除き、スライドの作動中は開くことができない構造のものでなければならない。
（両手操作式の安全プレス）	（両手操作式の安全プレス）
第三十八条　両手操作式の安全プレス（スライドによる危険を防止するための機構として第三十六条第一項第二号の機能を利用する場合における当該安全プレスをいう。以下同じ。）は、次の各号に定めるところに適合するものでなければならない。	第四十三条　両手操作式の安全プレス（スライドによる危険を防止するための機構として第四十一条第一項第二号の機能を利用する場合における当該安全プレスをいう。以下同じ。）は、寸動の場合を除き、次の各号に定めるところに適合するものでなければならない。
一　スライドを作動させるための操作部を操作する場合には、左右の操作の時間差が〇・五秒以内でなけ	一　押しボタン等を両手で同時に操作しなければスライドが作動せず、かつ、スライドの作動中に押しボタ

ればスライドが作動しない構造のものであること。	ン等から手が離れた時はその都度、及び一行程ごとにスライドの作動が停止する構造のものであること。
二　スライドの閉じ行程の作動中にスライドを作動させるための操作部から手が離れたときはその都度、及び一行程ごとにスライドの作動が停止する構造のものであること。	
三　一行程ごとにスライドを作動させるための操作部から両手を離さなければ再起動操作をすることができない構造のものであること。	二　一行程ごとに押しボタン等から両手を離さなければ再起動操作をすることができない構造のものであること。
（削除）	（押しボタン等の間隔） 第四十四条　両手操作式の安全プレスの一の押しボタン等の外側と他の押しボタン等の外側との最短距離は、三百ミリメートル以上でなければならない。
（削除）	（スライド作動用の押しボタン）

	第四十五条　両手操作式の安全プレスのスライドを作動させるための押しボタンは、次の各号のいずれかに適合するものでなければならない。 一　両手操作式の安全プレスの本体に内蔵されており、かつ、当該安全プレスの表面から突出していないものであること。 二　ボタンケースに収納されており、かつ、当該ボタンケースの表面から突出していないものであること。
（両手操作式の安全プレスのスライドを作動させるための操作部） 第三十九条　スライドを作動させるための操作部は、両手によらない操作を防止するための措置が講じられているものでなければならない。	
（両手操作式の安全プレスの安全距離） 第四十条　両手操作式の安全プレスのスライドを作動させるための操作部と危険限界との距離（以下この条に	（両手操作式の安全プレスの安全距離） 第四十六条　両手操作式の安全プレスの押しボタン等と危険限界との距離（以下この条において「安全距離」と

おいて「安全距離」という。）は、スライドの閉じ行程の作動中の速度が最大となる位置で、次の式により計算して得た値以上の値でなければならない。 D=1.6（Tl+Ts） この式において、D、Tl 及び Ts は、それぞれ次の値を表すものとする。 D　安全距離（単位　ミリメートル） Tl　スライドを作動させるための操作部から手が離れた時から急停止機構が作動を開始する時までの時間（単位　ミリセカンド） Ts　急停止機構が作動を開始した時からスライドが停止する時までの時間（単位　ミリセカンド）	いう。）は、スライドの下降速度が最大となる位置で、次の式により計算して得た値以上の値でなければならない。 D=1.6（Tl+Ts） この式において、D、Tl 及び Ts は、それぞれ次の値を表すものとする。 D　安全距離（単位　ミリメートル） Tl　押しボタン等から手が離れた時から急停止機構が作動を開始する時までの時間（単位　ミリセカンド） Ts　急停止機構が作動を開始した時からスライドが停止する時までの時間（単位　ミリセカンド）
（光線式の安全プレス） 第四十一条　光線式の安全プレス（スライドによる危険を防止するための機構として第三十六条第一項第三号の機能を利用する場合における当該安全プレスをいい、第四十五条第一項の制御機能付き光線式の安全プ	（光線式の安全プレス） 第四十七条　光線式の安全プレス（スライドによる危険を防止するための機構として第四十一条第一項第三号の機能を利用する場合における当該安全プレスをいう。以下同じ。）は、身体の一部が光線をしや断した場

レスを除く。以下同じ。）は、身体の一部が光線を遮断した場合に、当該光線を遮断したことを検出することができる機構（以下「検出機構」という。）を有し、かつ、検出機構が、身体の一部が光線を遮断したことを検出した場合に、スライドの作動を停止することができる構造のものでなければならない。	合に、当該光線をしや断したことを検出することができる機構（以下「検出機構」という。）を有し、かつ、検出機構が身体の一部を検出した場合に、スライドの作動を停止することができる構造のものであること。
（投光器及び受光器） 第四十二条　光線式の安全プレスの検出機構の投光器及び受光器は、次の各号に定めるところに適合するものでなければならない。 一　スライドの作動による危険を防止するために必要な長さにわたり有効に作動するものであること。 二　投光器及び受光器の光軸の数は、二以上とし、かつ、前号の必要な長さの範囲内の任意の位置に遮光棒を置いたときに、検出機構が検出することができる当該遮光棒の最小直径（以下「連続遮光幅」という。）が五十ミリメートル以下であること。	（投光器及び受光器） 第四十八条　光線式の安全プレスの検出機構の投光器及び受光器は、当該安全プレスのスライド調節量と当該安全プレスのストローク長さとの合計の長さ（当該長さに係る部分の一部が囲い等で覆われている場合には、当該囲い等で覆われている部分の長さを除く。）の全長（当該全長が四百ミリメートルを超える場合には、四百ミリメートルまでの部分に限る。）にわたり有効に作動するものでなければならない。

三　投光器は、投光器から照射される光線が、その対となる受光器以外の受光器又はその対となる反射器以外の反射器に到達しない構造のものであること。 四　受光器は、その対となる投光器から照射される光線以外の光線に感応しない構造のものであること。ただし、感応した場合に、スライドの作動を停止させる構造のものにあっては、この限りでない。	
（削除）	2　前項の投光器及び受光器の光軸の数は、二以上とし、かつ、光軸相互の間隔が五十ミリメートル（光軸を含む鉛直面と光線式の安全プレスの危険限界との水平距離が五百ミリメートルを超える光線式の安全プレスに使用する投光器及び受光器にあつては、七十ミリメートル）以下となるものでなければならない。
（削除）	第四十九条　光線式の安全プレスに備える検出機構の受光器は、投光器から照射される光線以外の光線に感応しない構造のものでなければならない。ただし、投光器に白熱電球を使用する場合の受光器は、光軸より五十

	ミリメートル以上離れた位置で電圧百ボルト及び消費電力百ワットの一般照明用電球を照射したときに、当該一般照明用電球に感応しない構造のものでなければならない。
（光線式の安全プレスの安全距離） 第四十三条　光線式の安全プレスに備える検出機構の光軸と危険限界との距離（以下この条において「安全距離」という。）は、スライドの閉じ行程の作動中の速度が最大となる位置で、次の式により計算して得た値以上の値でなければならない。 D=1.6（Tl+Ts）+C この式において、D、Tl、Ts及びCは、それぞれ次の値を表すものとする。 D　安全距離（単位　ミリメートル） Tl　手が光線を遮断した時から急停止機構が作動を開始する時までの時間（単位　ミリセカンド）	（光線式の安全プレスの安全距離） 第五十条　光線式の安全プレスに備える検出機構の光軸と危険限界との距離（以下この条において「安全距離」という。）は、スライドの下降速度が最大となる位置で、次の式により計算して得た値以上の値でなければならない。 D=1.6（Tl+Ts） この式において、D、Tl及びTsは、それぞれ次の値を表すものとする。 D　安全距離（単位　ミリメートル） Tl　手が光線をしや断した時から急停止機構が作動を開始する時までの時間（単位　ミリセカンド）

Ts　急停止機構が作動を開始した時からスライドが停止する時までの時間（単位　ミリセカンド）

C　次の表の上欄に掲げる連続遮光幅に応じて、それぞれ同表の下欄に掲げる追加距離

連続遮光幅（ミリメートル）	追加距離（ミリメートル）
三〇以下	〇
三〇を超え三五以下	二〇〇
三五を超え四五以下	三〇〇
四五を超え五〇以下	四〇〇

（安全囲い等）

第四十四条　光線式の安全プレスに備える検出機構の光軸とボルスターの前端との間に身体の一部が入り込む隙間がある場合は、当該隙間に安全囲い等を設けなければならない。

（制御機能付き光線式の安全プレス）

Ts　急停止機構が作動を開始した時からスライドが停止する時までの時間（単位　ミリセカンド）

第四十五条　制御機能付き光線式の安全プレス（スライドによる危険を防止するための機構として第三十六条第一項第三号の機能を利用する場合における安全プレスであって、検出機構を有し、かつ、身体の一部による光線の遮断の検出がなくなったときに、スライドを作動させる機能を有するものをいう。以下同じ。）は、次の各号に定めるところに適合するものでなければならない。 一　検出機構が光線の遮断を検出した場合に、スライドの作動を停止することができる構造のものであること。 二　ボルスター上面の高さが床面から七百五十ミリメートル以上であること。ただし、ボルスター上面から検出機構の下端までに安全囲い等を設け、当該下端の高さが床面から七百五十ミリメートル以上であるものを除く。 三　ボルスターの奥行きが千ミリメートル以下であること。	

四　ストローク長さが六百ミリメートル以下であること。ただし、安全囲い等を設け、かつ、検出機構を設ける開口部の上端と下端との距離が六百ミリメートル以下であるものを除く。

五　クランクプレス等にあっては、オーバーラン監視装置の設定の停止点が十五度以内であること。

2　制御機能付き光線式の安全プレスは、検出機構の検出範囲以外から身体の一部が危険限界に達することができない構造のものでなければならない。

3　制御機能付き光線式の安全プレスのスライドを作動させるための機構は、スライドの不意の作動を防止することができるよう、次の各号に定める構造のものでなければならない。

一　キースイッチにより制御機能付き光線式の安全プレスの危険防止機能を選択する構造のものであること。

二　当該機構を用いてスライドを作動させる前に、起動準備を行うための操作を行うことが必要な構造のものであること。

三　三十秒以内に当該機構を用いてスライドを作動させなかった場合には、改めて前号の操作を行うことが必要な構造のものであること。

4　第四十一条から第四十三条までの規定は、制御機能付き光線式の安全プレスについて準用する。この場合において、第四十二条第二号「五十ミリメートル」とあるのは「三十ミリメートル」と、第四十三条の表は、次のとおり読み替えるものとする。

連続遮光幅（ミリメートル）	追加距離（ミリメートル）
一四以下	○
一四を超え二○以下	八○
二○を超え三○以下	一三○

第六章　雑則

（表示）

第四十六条　動力プレスは、見やすい箇所に次の事項が

第五章　雑則

（表示）

第五十一条　動力プレスは、見やすい箇所に次の事項が

表示されているものでなければならない。

二　次の表の上欄に掲げる動力プレスの種類に応じてそれぞれ同表の下欄に掲げる機械仕様

動力プレスの種類	機械仕様
機械プレスブレーキ以外の機械プレス	圧力能力（単位　キロニュートン） ストローク数（単位　毎分ストローク数） ストローク長さ（単位　ミリメートル） ダイハイト（単位　ミリメートル） スライド調節量（単位　ミリメートル） 急停止時間（Tsをいう。以下同じ。）（単位　ミリ秒）

表示されているものでなければならない。

二　動力プレスの種類及び当該動力プレスが安全プレスである場合にあっては、その種類

三　次の表の上欄に掲げる動力プレスの種類に応じてそれぞれ同表の下欄に掲げる機械仕様

動力プレスの種類	機械仕様
機械プレスブレーキ以外の機械プレス	圧力能力（単位　キロニュートン） ストローク数（単位　毎分ストローク数） ストローク長さ（単位　ミリメートル） ダイハイト（単位　ミリメートル） スライド調節量（単位　ミリメートル） 急停止時間（Tsをいう。以下同じ。）（単位　ミリ秒）

新（用語）	新（内容）	旧（用語）	旧（内容）
	最大停止時間（Tl と Ts との合計の時間をいう。以下同じ。）（単位　ミリ秒） オーバーラン監視装置の設定位置（クランクピン等の上死点と設定の停止点との間の角度をいう。以下同じ。） クラッチの掛合い箇所の数		最大停止時間（Tl と Ts との合計の時間をいう。以下同じ。）（単位　ミリ秒） オーバーラン監視装置の設定位置（クランクピン等の上死点と設定の停止点との間の角度をいう。以下同じ。）
機械プレスブレーキ	圧力能力（単位　キロニュートン） ストローク数（単位　毎分ストローク数） ストローク長さ（単位　ミリメートル） テーブル長さ（単位　ミリメートル） ギャップ深さ（単位　ミリメートル）	機械プレスブレーキ	圧力能力（単位　キロニュートン） ストローク数（単位　毎分ストローク数） ストローク長さ（単位　ミリメートル） テーブル長さ（単位　ミリメートル） ギャップ深さ（単位　ミリメートル）

	急停止時間（単位　ミリ秒） 最大停止時間（単位　ミリ秒） オーバーラン監視装置の設定位置		急停止時間（単位　ミリ秒） 最大停止時間（単位　ミリ秒） オーバーラン監視装置の設定位置
液圧プレスブレーキ以外の液圧プレス	圧力能力（単位　キロニュートン） ストローク長さ（単位　ミリメートル） スライドの最大下降速度（単位　ミリメートル毎秒） 慣性下降値（単位　ミリメートル） 急停止時間（単位　ミリ秒） 最大停止時間（単位　ミリ秒）	液圧プレスブレーキ以外の液圧プレス	圧力能力（単位　キロニュートン） ストローク長さ（単位　ミリメートル） スライドの最大下降速度（単位　ミリメートル毎秒） 慣性下降値（単位　ミリメートル） 急停止時間（単位　ミリ秒） 最大停止時間（単位　ミリ秒）
液圧プレスブレーキ	圧力能力（単位　キロニュートン） ストローク長さ（単位　ミリメートル）	液圧プレスブレーキ	圧力能力（単位　キロニュートン） ストローク長さ（単位　ミリメートル）

テーブル長さ（単位　ミリメートル） ギャップ深さ（単位　ミリメートル） スライドの最大下降速度（単位　ミリメートル毎秒） 慣性下降値（単位　ミリメートル） 急停止時間（単位　ミリ秒） 最大停止時間（単位　ミリ秒）	テーブル長さ（単位　ミリメートル） ギャップ深さ（単位　ミリメートル） スライドの最大下降速度（単位　ミリメートル毎秒） 慣性下降値（単位　ミリメートル） 急停止時間（単位　ミリ秒） 最大停止時間（単位　ミリ秒）
備考　この表において、Tl及びTsはそれぞれ次の値を表すものとする。 Tl　両手操作式の安全プレスにあっては、スライドを作動させるための操作部から手が離れた時から急停止機構が作動を開始する時までの時間（単位　ミリ秒） 光線式の安全プレス及び制御機能付き光線式の安全プレスにあっては、手が光線を遮断した時から急	備考　この表において、Tl及びTsはそれぞれ次の値を表すものとする。 Tl　両手操作式の安全プレスにあつては、押しボタン等から手が離れた時から急停止機構が作動を開始する時までの時間（単位　ミリ秒） 光線式の安全プレスにあつては、手が光線を遮断した時から急停止機構が作動を開始する時までの時

間（単位　ミリ秒） Ts　急停止機構が作動を開始した時からスライドが停止する時までの時間（単位　ミリ秒） 三～四　（略） （適用除外） 第五十二条　動力プレスで前各章の規定を適用することが困難なものについて、厚生労働省労働基準局長が前各章の規定に適合するものと同等以上の性能があると認めた場合は、この告示の関係規定は、適用しない。	停止機構が作動を開始する時までの時間（単位　ミリ秒） Ts　急停止機構が作動を開始した時からスライドが停止する時までの時間（単位　ミリ秒） 三～五　（略） （適用除外） 第四十七条　動力プレスで前各章の規定を適用することが困難なものについて、厚生労働省労働基準局長が前各章の規定に適合するものと同等以上の性能があると認めた場合は、この告示の関係規定は、適用しない。

附　則

1　この告示は、平成二十三年七月一日から適用する。

2　この告示の適用の日において、現に製造している動力プレス若しくは現に存する動力プレス又は現に労働安全衛生法第四十四条の二第一項の規定による検定若しくは同法第四十四条の三第二項の規定による型式検定に合格している型式の安全プレス（当該型式に係る型式検定合格証の有効期間内に製造し、又は輸入するものに限る。）の規格については、なお従前の例による。

Ⅳ　プレス機械又はシャーの安全装置構造規格の新旧対照条文

プレス機械又はシャーの安全装置構造規格の新旧対照表

H23.1.12 厚生労働省告示第5号（抄）H23.7.1 施行	（S53.9.21 労働省告示第102号（抄）S53.11.1 施行）
改　正　後	（改　正　前）
○プレス機械又はシャーの安全装置構造規格	○プレス機械又はシャーの安全装置構造規格
目次	目次
第一章　総則（第一条－第十三条）	第一章　総則（第一条－第十二条）
第二章　インターロックガード式安全装置（第十四条）	第二章　ガード式安全装置（第十三条・第十四条）
第三章　両手操作式安全装置（第十五条－第十八条）	第三章　両手操作式安全装置（第十五条－第十八条）
第四章　光線式安全装置（第十九条－第二十一条）	第四章　光線式安全装置（第十九条－第二十二条）
第四章の二　制御機能付き光線式安全装置（第二十二条）	
第四章の三　プレスブレーキ用レーザー式安全装置（第二十二条の二）	
第五章　手引き式安全装置（第二十三条－第二十五条）	第五章　手引き式安全装置（第二十三条－第二十五条）

第六章　雑則（第二十六条・第二十七条） 附則	第六章　手払い式安全装置（第二十六条－第二十八条） 第七章　雑則（第二十九条・第三十条） 附則
第一章　総則	第一章　総則
（機能）	（機能）
第一条　プレス機械又はシャー（以下「プレス等」という。）の安全装置は、次の各号のいずれかに該当する機能を有するものでなければならない。	第一条　プレス機械又はシヤー（以下「プレス等」という。）の安全装置は、次の各号のいずれかに該当する機能を有するものでなければならない。
一　スライド又は刃物若しくは押さえ（以下「スライド等」という。）が上型と下型又は上刃と下刃若しくは押さえとテーブルとの間隔が小さくなる方向への作動中（スライド等が身体の一部に危険を及ぼすおそれのない位置にあるときを除く。以下「閉じ行程の作動中」という。）に身体の一部が危険限界に入るおそれが生じないこと。	一　スライド又は刃物若しくは押さえ（以下「スライド等」という。）の作動中に身体の一部が危険限界に入るおそれが生じないこと。
二　スライド等を作動させるための操作部から離れた	二　スライド等を作動させるための押しボタン又は操

手が危険限界に達するまでの間にスライド等の作動を停止することができ、又はスライド等を作動させるための操作部を両手で操作することによって、スライド等の閉じ行程の作動中にスライド等を作動させるための操作部から離れた手が危険限界に達しないこと。	作レバー（以下「押しボタン等」という。）から離れた手が危険限界に達するまでの間にスライド等の作動を停止することができ、又は押しボタン等を両手で操作することによつて、スライド等の作動中に押しボタン等から離れた手が危険限界に達しないこと。
三　スライド等の閉じ行程の作動中に身体の一部が危険限界に接近したときにスライド等の作動を停止することができること。	三　スライド等の作動中に身体の一部が危険限界に接近したときにスライド等の作動を停止することができること。
四　スライドの閉じ行程の作動中に危険限界内にある身体の一部に危険を及ぼすおそれがあるときにスライドの作動を停止することができること。	
五　危険限界内にある身体の一部をスライドの作動等に伴って危険限界から排除することができること。	四　危険限界内にある身体の一部をスライドの作動等に伴つて危険限界から排除することができること。
（掛け合い金具）	（掛け合い金具）
第三条　プレス等の安全装置の掛け合い金具は、次の各号に定めるところに適合するものでなければならな	第三条　プレス等の安全装置の掛け合い金具は、次の各号に定めるところに適合するものでなければならな

い。	い。
一　（略）	一　（略）
二　掛け合い部の表面は、焼入れ焼もどしが施され、かつ、その硬さの値は、ロックウェルC硬さの値で四十五以上五十以下であること。	二　掛け合い部の表面は、焼入れ焼もどしが施され、かつ、その硬さの値は、ロツクウエルC硬さの値で四十五以上五十以下であること。
（ワイヤロープ）	（ワイヤロープ）
第四条　プレス等の安全装置に使用するワイヤロープは、次の各号に定めるところに適合するものでなければならない。	第四条　プレス等の安全装置に使用するワイヤロープは、次の各号に定めるところに適合するものでなければならない。
一　（略）	一　（略）
二　クリップ、クランプ等の緊結具を使用してスライド、レバー等に確実に取り付けられていること。	二　クリツプ、クランプ等の緊結具を使用してスライド、レバー等に確実に取り付けられていること。
（ボルト等）	（ボルト等）
第五条　プレス等の安全装置に使用するボルト、ナット等であって、その緩みによって当該安全装置の誤作動、部品の脱落等のおそれのあるものは、緩み止めが施さ	第五条　プレス等の安全装置に使用するボルト、ナツト等であつて、その緩みによつて当該安全装置の誤作動、部品の脱落等のおそれのあるものは、緩み止めが施さ

れているものでなければならない。	れているものでなければならない。
2　（略）	2　（略）
（主要な電気部品） 第六条　プレス等の安全装置のリレー、リミットスイッチその他の主要な電気部品は、当該安全装置の機能を確保するための十分な強度及び寿命を有するものでなければならない。 2　スライド等の位置を検出するためのリミットスイッチ等は、不意の接触等を防止し、かつ、容易にその位置を変更できない措置が講じられているものでなければならない。	（主要な電気部品の強度及び寿命） 第六条　プレス等の安全装置のリレー、リミツトスイツチその他の主要な電気部品は、当該安全装置の機能を確保するための十分な強度及び寿命を有するものでなければならない。
（電気回路） 第九条　プレス等の安全装置の電気回路は、当該安全装置のリレー、リミットスイッチ等の電気部品の故障、停電等によりスライド等が誤作動するおそれのないものでなければならない。	（電気回路） 第九条　プレス等の安全装置の電気回路は、当該安全装置のリレー、リミツトスイツチ等の電気部品の故障、停電等によりスライド等が不意に作動するおそれのないものでなければならない。

（操作用電気回路の電圧）

第十条　プレス等の安全装置の操作用電気回路の電圧は、百五十ボルト以下のものでなければならない。

（外部電線）

第十一条　プレス等の安全装置の外部電線は、日本工業規格C三三一二（六〇〇Vビニル絶縁ビニルキャブタイヤケーブル）に定める規格に適合するビニルキャブタイヤケーブル又はこれと同等以上の絶縁効力、耐油性、強度及び耐久性を有するものでなければならない。

（切替えスイッチ）

第十二条　プレス等の安全装置に備える切替えスイッチは、次の各号に定めるところに適合するものでなければならない。

一～三　（略）

（操作用電気回路の電圧）

第十条　プレス等の安全装置の操作用電気回路の電圧は、百五十ボルト以下でなければならない。

（外部電線）

第十一条　プレス等の安全装置の外部電線は、日本工業規格C三三一二（六〇〇Vビニル絶縁ビニルキャブタイヤケーブル）に定める規格に適合するビニルキャブタイヤケーブル又はこれと同等以上の絶縁効力、耐油性、強度及び耐久性を有するものでなければならない。

（切替えスイッチ）

第十二条　プレス等の安全装置に備える切替えスイッチは、次の各号に定めるところに適合するものでなければならない。

一～三　（略）

（電気回路の収納箱等）

第十三条　プレス等の安全装置の電気回路が収納されている箱は、水、油若しくは粉じんの侵入又は外力によりこれらの電気回路の機能に障害を生ずるおそれのない構造のものでなければならない。	
2　前項の箱から露出している充電部分は、絶縁覆いが設けられているものでなければならない。	
第二章　インターロックガード式安全装置 （インターロックガード式安全装置）	第二章　ガード式安全装置 （ガードの開閉）
第十四条　第一条第一号の機能を有するプレス等の安全装置（以下「インターロックガード式安全装置」という。）は、寸動の場合を除き、次の各号に定めるところに適合するものでなければならない。 一　ガードを閉じなければスライド等を作動させることができない構造のものであること。 二　スライド等の閉じ行程の作動中（フリクションク	第十三条　第一条第一号の機能を有するプレス機械の安全装置（以下「ガード式安全装置」という。）は、寸動の場合を除き、ガードを閉じなければスライドを作動させることのできない構造のものでなければならない。

ラッチ式以外のクラッチを有する機械プレスにあっては、スライドの作動中）は、ガードを開くことができない構造のものであること。ただし、ガードを開けてから身体の一部が危険限界に達するまでの間にスライド等の閉じ行程の作動を停止させることができるもの（以下「開放停止型インターロックガード式安全装置」という。）にあっては、この限りでない。	
（削除）	2　前項のガードは、寸動の場合を除き、スライドの作動中は開くことができない構造のものでなければならない。
（削除）	（リミットスイッチ等への接触防止） 第十四条　ガード式安全装置に設けるスライド作動用のリミットスイッチ等は、身体の一部、材料等その他ガード以外のものの接触を防止する措置が講じられているものでなければならない。

第三章　両手操作式安全装置 （スライド等を作動させるための操作部の操作） 第十六条　両手操作式安全装置は、次の各号に定めるところに適合するものでなければならない。 一　スライド等を作動させるための操作部を両手で左右の操作の時間差が〇・五秒以内に操作しなければスライド等を作動させることができない構造のものであること。ただし、当該機能を有するプレス等に使用される両手操作式安全装置にあつては、この限りでない。 二　スライド等の閉じ行程の作動中にスライド等を作動させるための操作部から離れた手が危険限界に達するおそれが生ずる場合にあつては、スライド等の作動を停止させることができる構造のものであること。 三　一行程ごとにスライド等を作動させるための操作部から両手を離さなければ再起動操作をすることができない構造のものであること	第三章　両手操作式安全装置 （押しボタン等の操作） 第十六条　両手操作式安全装置は、次の各号に定めるところに適合するものでなければならない。 一　押しボタン等を両手で同時に操作しなければスライド等を作動させることができない構造のものであること。 二　スライド等の作動中に押しボタン等から離れた手が危険限界に達するおそれが生ずる場合にあつては、スライド等の作動を停止させることができる構造のものであること 三　一行程ごとに押しボタン等から両手を離さなければ再起動操作をすることができない構造のものであること。

	（押しボタン等の間隔）
第十七条　両手操作式安全装置のスライド等を作動させるための操作部は、両手によらない操作を防止するための措置が講じられているものでなければならない。	第十七条　両手操作式安全装置の一の押しボタン等の外側と他の押しボタン等の外側との最短距離は、三百ミリメートル以上でなければならない。
	（押しボタン）
第十八条　両手操作式安全装置のスライド等を作動させるための操作部は、接触等によりスライド等が不意に作動することを防止することができる構造のものでなければならない。	第十八条　両手操作式安全装置の押しボタンは、ボタンケースに収納されており、かつ、当該ボタンケースの表面から突出していないものでなければならない。
第四章　光線式安全装置	第四章　光線式安全装置
（光線式安全装置）	（検出機構）
第十九条　光線式安全装置（スライド等による危険を防止するための機構として第一条第三号の機能を利用する場合におけるプレス等の安全装置をいい、第二十二条第一項の制御機能付き光線式安全装置を除く。以下	第十九条　第一条第三号の機能を有するプレス等の安全装置（以下「光線式安全装置」という。）は、身体の一部が光線をしや断した場合に当該光線をしや断したことを検出することによりスライド等の作動を停止させる

同じ。）は、身体の一部が光線を遮断した場合に、当該光線を遮断したことを検出することができる機構（以下「検出機構」という。）を有し、かつ、検出機構が、身体の一部が光線を遮断したことを検出することによりスライド等の作動を停止させることができる構造のものでなければならない。	ことができる構造のものでなければならない。
（投光器及び受光器） 第二十条　プレス機械に係る光線式安全装置の検出機構の投光器及び受光器は、次の各号に定めるところに適合するものでなければならない。 一　スライドの作動による危険を防止するために必要な長さにわたり有効に作動するものであること。 二　投光器及び受光器の光軸の数は、二以上とし、かつ、前号の必要な長さの範囲内の任意の位置に遮光棒を置いたときに、検出機構が検出することができる当該遮光棒の最小直径が五十ミリメートル以下であること。	（投光器及び受光器） 第二十条　プレス機械に係る光線式安全装置の投光器及び受光器は、スライドの調節量とストローク長さとの合計の長さ（以下「防護高さ」という。）（その長さが四百ミリメートルを超える場合には、四百ミリメートル）の全長にわたり有効に作動するものでなければならない。 2　前項の投光器及び受光器の光軸の数は、二以上とし、かつ、光軸相互の間隔が五十ミリメートル（光軸を含む鉛直面と危険限界との水平距離が五百ミリメートルを超えるプレス機械に使用する投光器及び受光器にあ

三　投光器は、投光器から照射される光線が、その対となる受光器以外の受光器又はその対となる反射器以外の反射器に到達しない構造のものであること。 四　受光器は、その対となる投光器から照射される光線以外の光線に感応しない構造のものであること。ただし、感応した場合に、スライドの作動を停止させる構造のものにあっては、この限りでない。 第二十条の二　材料の送給装置等を備えたプレス機械に取り付ける光線式安全装置の検出機構の投光器及び受光器は、次の各号に定めるところに適合するものである場合は、前条第一号の規定にかかわらず、当該送給装置等に係る検出を無効にできる構造とすることができる。 一　検出を無効とするための切替えは、キースイッチにより一光軸ごとに設定を行うものであること。 二　検出を無効にする送給装置等に変更があったときには、再び前号の設定を行わなければスライドを作	つては、七十ミリメートル）以下となるものでなければならない。

動させることができない構造のものであること。 三　検出を無効にする送給装置等が取り外されたときには、スライドの作動による危険を防止するために投光器及び受光器が必要な長さにわたり有効に作動するものであること。	
第二十一条　シャーに係る光線式安全装置の投光器及び受光器の光軸は、シャーのテーブル面からの高さが当該光軸を含む鉛直面と危険限界との水平距離の〇・六七倍（それが百八十ミリメートルを超えるときは、百八十ミリメートル）以下となるものでなければならない。 2　（略）	第二十一条　シャーに係る光線式安全装置の投光器及び受光器の光軸は、シャーのテーブル面からの高さが当該光軸を含む鉛直面と危険限界との水平距離の〇・六七倍（それが百八十ミリメートルを超えるときは、百八十ミリメートル）以下となるものでなければならない。 2　（略）
（削除）	第二十二条　光線式安全装置の受光器で投光器に白熱電球を使用しないものは、投光器から照射される光線以外の光線に感応しない構造のものでなければなら

（削除） 第四章の二　制御機能付き光線式安全装置 （制御機能付き光線式安全装置） 第二十二条　制御機能付き光線式安全装置（スライドによる危険を防止するための機構として第一条第三号の機能を利用する場合における安全装置であって、検出機構を有し、かつ、身体の一部による光線の遮断の検出がなくなったときに、スライドを作動させる機能を有するものをいう。以下同じ。）は、検出機構が、身体の一部が光線を遮断したことを検出することによりスライドの作動を停止させることができる構造のものでなければならない。	い。 2　光線式安全装置の受光器で投光器に白熱電球を使用するものは、光軸より五十ミリメートル以上離れた位置で電圧百ボルト及び消費電力百ワットの一般照明用電球を照射したときに、当該一般照明用電球に感応しない構造のものでなければならない。

2　制御機能付き光線式安全装置は、次の各号に定めるところに適合するプレス機械に使用できるものでなければならない。 一　ボルスター上面の高さが床面から七百五十ミリメートル以上であること。ただし、ボルスター上面から検出機構の下端までに安全囲い等が設けられている場合を除く。 二　ボルスターの奥行きが千ミリメートル以下であること。 三　ストローク長さが六百ミリメートル以下であること。ただし、プレス機械に安全囲い等が設けられ、かつ、検出機構を設ける開口部の上端と下端との距離が六百ミリメートル以下である場合を除く。 四　クランクプレス等にあっては、オーバーラン監視装置の設定の停止点が十五度以内であること。 3　制御機能付き光線式安全装置の投光器及び受光器は、容易に取り外し及び取付け位置の変更ができない構造のものでなければならない。	

4　制御機能付き光線式安全装置のスライドを作動させるための機構は、スライドの不意の作動を防止することができるよう、次の各号に定めるところに適合するものでなければならない。

一　キースイッチにより制御機能付き光線式安全装置の危険防止機能を選択する構造のものであること。

二　当該機構を用いてスライドを作動させる前に、起動準備を行うための操作を行うことが必要な構造のものであること。

三　三十秒以内に当該機構を用いてスライドを作動させなかった場合には、改めて前号の操作を行うことが必要な構造のものであること。

5　第二十条の規定は、制御機能付き光線式安全装置について準用する。この場合において、同条第二号中「五十ミリメートル」とあるのは「三十ミリメートル」と読み替えるものとする。

第四章の三　プレスブレーキ用レーザー式安全装置

（プレスブレーキ用レーザー式安全装置） 第二十二条の二　プレスブレーキ用レーザー式安全装置（第一条第四号の機能を有し、プレスブレーキに使用する安全装置をいう。以下同じ。）は、次の各号に定めるところに適合するものでなければならない。 一　検出機構を有し、身体の一部がスライドに挟まれるおそれのある場合に、当該身体の一部が光線を遮断したことを検出することによりスライドの作動を停止させることができる構造のものであること。 二　スライドの閉じ行程の作動中に身体の一部若しくは加工物が光線を遮断したことを検出し、又はスライドが設定した位置に達した後、引き続きスライドを作動させる場合は、その速度を毎秒十ミリメートル以下（以下「低閉じ速度」という。）とする構造のものであること。 2　プレスブレーキ用レーザー式安全装置は、次の各号に適合するプレスブレーキに使用できるものでなければならない。	

一　閉じ行程におけるスライドの速度を低閉じ速度とすることができる構造のものであること。 二　低閉じ速度でスライドを作動するときは、スライドを作動させるための操作部を操作している間のみスライドが作動する構造のものであること。 3　プレスブレーキ用レーザー式安全装置の検出機構は、次の各号に定めるところに適合するものでなければならない。 一　投光器及び受光器は身体の一部がスライドに挟まれるおそれのある場合に機能するよう設置でき、スライドが下降するプレスブレーキに用いるものにあっては、スライドの作動と連動して移動させることができる構造のものであること。 二　スライドの閉じ行程の作動中（低閉じ速度による作動中に限る。）に検出を無効とすることができる構造のものであること。	

第五章　手引き式安全装置	第五章　手引き式安全装置
（手引き式安全装置）	
第二十三条　第一条第五号の機能を有するプレス機械の安全装置は、手引き式のもの（以下「手引き式安全装置」という。）でなければならない。	
（手引きひもの調節）	（手引きひもの調節）
第二十三条の二　手引き式安全装置は、手引きひもの引き量が調節できる構造のものでなければならない。	第二十三条　第一条第四号の機能を有するプレス機械の安全装置で手引き式のもの（以下「手引き式安全装置」という。）は、手引きひもの引き量が調節できる構造のものでなければならない。
2　（略）	2　（略）
（削除）	第六章　手払い式安全装置
（削除）	第二十六条　（略）
（削除）	第二十七条　（略）
（削除）	第二十八条　（略）

第六章　雑則	第七章　雑則
（表示）	（表示）
第二十六条　プレス機械の安全装置は、次の事項が表示されているものでなければならない。	第二十九条　プレス機械の安全装置は、次の事項が表示されているものでなければならない。
一～三　（略）	一～三　（略）
四　安全装置の種類	
五　使用できるプレス機械の種類、圧力能力、ストローク長さ（両手操作式安全装置の場合を除く。）、毎分ストローク数（インターロックガード式安全装置及び手引き式安全装置の場合に限る。）及び金型の大きさの範囲	四　使用できるプレス機械の種類、圧力能力、ストローク長さ（両手操作式安全装置の場合を除く。）、毎分ストローク数（両手操作式安全装置及び光線式安全装置の場合を除く。）及び金型の大きさの範囲
六　開放停止型インターロックガード式安全装置、両手操作式安全装置、光線式安全装置及び制御機能付き光線式安全装置にあっては、次に定める事項	五　両手操作式安全装置及び光線式安全装置にあつては、次に定める事項
イ　開放停止型インターロックガード式安全装置にあっては、ガードを開いた時から急停止機構が作動を開始する時までの時間（単位　ミリ秒）	
ロ　両手操作式安全装置（第十六条第二号に定める	イ　両手操作式安全装置（第十六条第二号に定める

ところに適合するものに限る。以下「安全一行程式安全装置」という。）にあっては、スライドを作動させるための操作部から手が離れた時から急停止機構が作動を開始する時までの時間（単位　ミリ秒）	ところに適合するものに限る。以下「安全一行程式安全装置」という。）にあつては、押しボタン等から手が離れた時から急停止機構が作動を開始する時までの時間（単位　ミリ秒）
ハ　両手操作式安全装置（第十六条第二号に定めるところに適合するものを除く。以下「両手起動式安全装置」という。）にあっては、スライドを作動させるための操作部を操作した時から使用できるプレス機械のスライドが下死点に達する時までの所要最大時間（単位　ミリ秒）	ロ　両手操作式安全装置（第十六条第二号に定めるところに適合するものを除く。以下「両手起動式安全装置」という。）にあつては、押しボタン等を押した時から使用できるプレス機械のスライドが下死点に達する時までの所要最大時間（単位　ミリ秒）
ニ　光線式安全装置及び制御機能付き光線式安全装置にあっては、身体の一部が光線を遮断した時から急停止機構が作動を開始する時までの時間（単位　ミリ秒）	ハ　光線式安全装置にあつては、手が光線を遮断した時から急停止機構が作動を開始する時までの時間（単位　ミリ秒）
ホ　使用できるプレス機械の停止時間（急停止機構が作動を開始した時からスライドが停止する時までの時間をいう。）（単位　ミリ秒）	ニ　使用できるプレス機械の停止時間（急停止機構が作動を開始した時からスライドが停止する時までの時間をいう。）（単位　ミリ秒）

ホ　安全一行程式安全装置及び光線式安全装置にあつてはニの停止時間に、両手起動式安全装置にあつてはロに規定する所要最大時間に応じた安全距離（両手操作式安全装置にあつては押しボタン等と危険限界との距離を、光線式安全装置にあつては光軸と危険限界との距離をいう。）（単位　ミリメートル）

六　光線式安全装置にあつては、次に定める事項

イ　有効距離（その機能が有効に作用する投光器と受光器との距離の限度をいう。）（単位　ミリメートル）

ロ　使用できるプレス機械の防護高さ（単位　ミリメートル）

ヘ　開放停止型インターロックガード式安全装置、安全一行程式安全装置、光線式安全装置及び制御機能付き光線式安全装置にあってはホの停止時間に、両手起動式安全装置にあってはハに規定する所要最大時間に応じた安全距離（両手操作式安全装置にあってはスライドを作動させるための操作部と危険限界との距離を、光線式安全装置及び制御機能付き光線式安全装置にあっては光軸と危険限界との距離をいう。）（単位　ミリメートル）

七　光線式安全装置及び制御機能付き光線式安全装置にあっては、次に定める事項

イ　有効距離（その機能が有効に作用する投光器と受光器との距離の限度をいう。）（単位　ミリメートル）

ロ　使用できるプレス機械の防護高さ（単位　ミリメートル）

八　プレスブレーキ用レーザー式安全装置にあっては、次に定める事項

イ　レーザー光線を遮光した時から急停止機構が作動し、スライドが停止するまでの時間（単位　ミリ秒）	
ロ　使用できるプレスブレーキの急停止距離（イの時間に応じスライドが停止するまでの距離をいう。）（単位　ミリメートル）	
ハ　有効距離（単位　ミリメートル）	
九　手引き式安全装置にあっては、最大手引き量（単位　ミリメートル）	
2　シャーの安全装置は、次の事項が表示されているものでなければならない。	2　シヤーの安全装置は、次の事項が表示されているものでなければならない。
一　製造番号	一　製造番号
二　製造者名	二　製造者名
三　製造年月	三　製造年月
四　安全装置の種類	
五　使用できるシャーの種類	四　使用できるシヤーの種類
六　使用できるシャーの裁断厚さ（単位　ミリメートル）	五　使用できるシヤーの裁断厚さ（単位　ミリメートル）

七　使用できるシャーの刃物の長さ（単位　ミリメートル）	六　使用できるシャーの刃物の長さ（単位　ミリメートル）
八　開放停止型インターロックガード式安全装置、両手操作式安全装置及び光線式安全装置にあっては、前項第六号の事項	
九　光線式安全装置にあっては、前項第七号イの事項	七　光線式安全装置にあつては、前項第六号イの事項
（適用除外） 第二十七条　プレス等の安全装置で前各章の規定を適用することが困難なものについて、厚生労働省労働基準局長が前各章の規定に適合するものと同等以上の性能があると認めた場合は、この告示の関係規定は、適用しない。	（適用除外） 第三十条　プレス等の安全装置で前各章の規定を適用することが困難なものについて、厚生労働省労働基準局長が前各章の規定に適合するものと同等以上の性能があると認めた場合は、この告示の関係規定は、適用しない。
附　則	附　則
3　第二十三条の規定にかかわらず、第一条第五号の機能を有するプレス機械の安全装置であって手払い式のものについては、当分の間、次の各号に適合するものに	

限り、使用することができる。 一　次に掲げる規格に適合するプレス機械に使用するものであること。 イ　スライドを作動させるための操作部を両手で操作することにより起動する構造を有するポジティブクラッチ式のものであること。 ロ　ストローク長さが四十ミリメートル以上であって防護板（スライドの作動中に手の安全を確保するためのものをいう。以下同じ。）の長さ（当該防護板の長さが三百ミリメートル以上のものにあっては、三百ミリメートル）以下のものであること。 ハ　毎分ストローク数が百二十以下のものであること。 二　手払い棒の長さ及び振幅を調節することができる構造のものであること。 三　幅が金型の幅の二分の一（金型の幅が二百ミリメートル以下のプレス機械に使用するものにあっては、百ミリメートル）以上、かつ、高さがストローク	

長さ（ストローク長さが三百ミリメートルを超えるプレス機械に使用するものにあっては、三百ミリメートル）以上の防護板が手払い棒に取り付けられているものであること。 四　手払い棒の振幅は、金型の幅以上であること。 五　次の事項が表示されているものであること。 イ　製造番号 ロ　製造者名 ハ　製造年月 ニ　安全装置の種類 ホ　使用できるプレス機械の種類、圧力能力、ストローク長さ、毎分ストローク数及び金型の大きさの範囲 ヘ　手払い棒の最大振り幅（単位　ミリメートル）	

附　則

1　この告示は、平成二十三年七月一日から適用する。

2　この告示の適用の日において、現に製造しているプレス等の安全装置若しくは現に存するプレス等の安全装置又は現に労働安全衛生法第四十四条の二第一項の規定による検定若しくは同法第四十四条の三第二項の規定による型式検定に合格している型式のプレス等の安全装置（当該型式に係る型式検定合格証の有効期間内に製造し、又は輸入するものに限る。）の規格については、なお従前の例による。

V　労働安全衛生規則改正の新旧対照表

労働安全衛生規則改正の新旧対照表

H23.1.12 厚生労働省令第 3 号　H23.7.1 施行

改　正　後	（改 正 前）	備　考
第一節　一般基準 （ストローク端の覆い等） 第百八条の二　事業者は、研削盤又はプレーナーのテーブル、シエーパーのラム等のストローク端が労働者に危険を及ぼすおそれのあるときは、覆い、囲い又は柵を設ける等当該危険を防止する措置を講じなければならない。	第一節　一般基準	『第百八条の次に次の一条を加える。』
第二節　工作機械 第百十二条　　削除	第二節　工作機械 （ストローク端の覆（おお）い等） 第百十二条　事業者は、研削盤又はプレーナーのテーブル、シエーパーのラム等のストローク端が労働者に危険を及ぼすおそれのあるときは、覆(おお)い、囲い又はさくを設けなければならない。	『第百十二条を次のように改める。』
第四節　プレス機械及びシヤー （プレス等による危険の防止） 第百三十一条　事業者は、プレス機械及びシヤー（以下「プレス等」という。）については、安全囲いを設ける等当該プレス等を用いて作業を行う労働者の身体の一部が危険限界に入らないような措置を講じなければならない。ただし、スライド又は刃物による危険を防止するための機構を有するプレス等については、この限りでない。	第四節　プレス機械及びシヤー （プレス等による危険の防止） 第百三十一条　事業者は、プレス機械及びシヤー(以下「プレス等」という。)については、安全囲いを設ける等当該プレス等を用いて作業を行う労働者の身体の一部が危険限界に入らないような措置を講じなければならない。ただし、スライド又は刃物による危険を防止するための機構を有するプレス等については、この限りでない。	

2　事業者は、作業の性質上、前項の規定によることが困難なときは、当該プレス等を用いて作業を行う労働者の安全を確保するため、次に定めるところに適合する安全装置**（手払い式安全装置を除く。）**を取り付ける等必要な措置を講じなければならない。 一　プレス等の種類、圧力能力、毎分ストローク数及びストローク長さ並びに作業の方法に応じた性能を有するものであること。 二　両手操作式の安全装置及び感応式の安全装置にあつては、プレス等の停止性能に応じた性能を有するものであること。 **三　プレスブレーキ用レーザー式安全装置にあつては、プレスブレーキのスライドの速度を毎秒十ミリメートル以下とすることができ、かつ、当該速度でスライドを作動させるときはスライドを作動させるための操作部を操作している間のみスライドを作動させる性能を有するものであること。**	2　事業者は、作業の性質上、前項の規定によることが困難なときは、当該プレス等を用いて作業を行う労働者の安全を確保するため、次に定めるところに適合する安全装置を取り付ける等必要な措置を講じなければならない。 一　プレス等の種類、圧力能力、毎分ストローク数及びストローク長さ並びに作業の方法に応じた性能を有するものであること。 二　両手操作式の安全装置及び感応式の安全装置にあつては、プレス等の停止性能に応じた性能を有するものであること。	『第百三十一条第二項各号列記以外の部分中「安全装置」の下に「（手払い式安全装置を除く。）」を加え、同項に次の三号を加える。』
3　第二項の措置は、行程の切替えスイッチ、操作の切替えスイッチ若しくは操作ステーションの切替えスイッチ又は安全装置の切替えスイッチを備えるプレス等については、当該切替えスイッチが切り替えられたいかなる状態においても講じられているものでなければならない。	3　第二項の措置は、行程の切替えスイッチ、操作の切替えスイッチ若しくは操作ステーションの切替えスイッチ又は安全装置の切替えスイッチを備えるプレス等については、当該切替えスイッチが切り替えられたいかなる状態においても講じられているものでなければならない。	

労働安全衛生規則（附則） （手払い式安全装置に係る経過措置） 第二十五条の二　当分の間、第百三十一条第二項の規定の適用については、同項各号列記以外の部分中「手払い式安全装置」とあるのは、「手払い式安全装置（ストローク長さが四十ミリメートル以上であつて防護板（スライドの作動中に手の安全を確保するためのものをいう。）の長さ（当該防護板の長さが三百ミリメートル以上のものにあつては三百ミリメートル）以下のものであり、かつ、毎分ストローク数が百二十以下である両手操作式のプレス機械に使用する場合を除く。）」とする。 第二十五条の三 附則 この省令は、平成二十三年七月一日から施行する。	労働安全衛生規則（附則） 第二十五条の二（略）	『附則中第二十五条の二を第二十五条の三とし、同条の前に次の一条を加える。』

労働安全衛生規則改正の背景

1　ストローク端による危険の防止（第108条の2）

機械のストローク端による危険防止措置は、工作機械を対象に規制（第112条）

⇒

課　題

機械の高機能化により、工作機械以外の機械のストローク端による死亡災害も散見

⇒

対　応

当該リスクを有する機械に対し、ストローク端による危険防止措置を講じることを規定

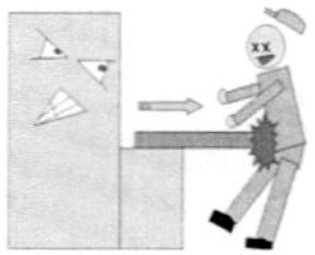

2　プレス等による危険の防止（第131条及び附則）

①プレス機械については、スライドによる危険防止措置を講じることとなっている。（第131条）

⇒

課　題

プレスブレーキにおいては、作業効率性のため、安全装置を設置せずに被災する割合が高い。

一方、プレスブレーキの作業特性を考慮した新たな専用の安全装置が開発されている。

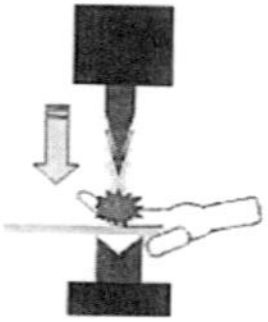

⇒

対　応

プレスブレーキ用レーザー式安全装置が適切にプレス機械に設置、使用される要件を規定する。例えば、スライドの速度を安全な低スピードに維持することができるプレスブレーキに設置することなど。

レーザー式安全装置

②プレス機械の安全装置の一種として手払い式安全装置も使用可

⇒

手払い式安全装置では、足踏みでスライドを起動し、手が払いきれずに被災する災害が散見。主要国でも、このような安全装置の使用を認めていない。

⇒

手払い式安全装置については、原則使用禁止にし、当面の間、一定の両手操作式のプレス機械に取り付ける場合に限り使用可とする。

厚生労働省労働政策審議会安全衛生分科会資料より

労働安全衛生規則の一部を改正する省令の施行等について

H23.2.18 基発 0218 第 2 号　H23.7.1 施行

改　正　後	（改 正 前）	備　考
第１　改正の趣旨 （略） **第２　改正の内容及び留意事項** （略） **第３　その他の事項** １　昭和 53 年 2 月 10 日付け基発第 78 号通達の記の第２のⅡの１（第 131 条関係）の (2) のニを次のとおり改正すること。 「ニ　自動プレス（自動的に材料の送給及び加工並びに製品等の排出を行う構造の動力プレス）を使用し、**当該プレスが加工等を行う際には、プレス作業者等を危険限界に立ち入らせない等の措置が講じられていること。**」 ２　昭和 53 年 2 月 10 日付け基発第 78 号通達の記の第２のⅡの１（第 131 条関係）の(7)の(i)の規定の後に次の規定を追加すること。 「プレス機械又はシャーの安全装置構造規格の一部を改正する件（平成 23 年厚生労働省告示第５号）に基づく光線式安全装置を設置するものについては、当該安全装置に表示がなされたとおり、光線式安全装置の連続遮光幅に応じた追加距離を含めた安全距離が必要なものもあることに留意すること。」	「ニ　自動プレス（自動的に材料の送給及び加工並びに製品等の排出を行う構造の動力プレス）を使用すること。	

3　昭和53年2月10日付け基発第78号通達の記の第2のⅡの1（第131条関係）の(7)の規定の次に次の規定を追加すること。 「(7)の2　第2項第2号の感応式の安全装置を使用する場合であって、光線式安全装置の光軸とプレス機械のボルスターの前端との間に身体の一部が入り込む隙間がある場合は、当該隙間に安全囲いを設ける等の措置を講じる必要があること。」		

Ⅵ　プレス機械・安全装置の用語集

用語集の索引

51 遅動時間（記号：Ｔｌ）
52 追加距離
53 デーライト
54 ノルマリクローズド型
55 ばねリターン型
56 ばね締め型
57 ばね緩め型
58 非常停止装置
59 ＰＳＤＩ式安全装置
60 ＰＳＤＩ式の安全プレス
61 複式
62 複式光軸遮光方式光線式安全装置
63 フリクションクラッチ
64 プレッシャーリターン型
65 ブレーキモニタ
66 保持式制御装置
67 防振措置
68 ミューティング
69 有効距離
70 有効高さ
71 両手によらない操作を防止するための措置
72 連続行程
73 連続遮光幅

用 語 集

1 安全一行程

押しボタン等を操作している間のみスライドが作動し、通常は下死点（下限）通過後上昇行程中は、押しボタン等から手を離してもスライドは停止せず（手を離せば止まるものを含む)、押しボタン等を押し続けても上死点（上限）に停止する行程で、両手式安全装置と組み合わせてスライドによる危険を防止する対策が行われるものをいう。

2 安全囲い （規則 131 条の施行通達）

開口部から材料又は加工品を送給、取り出すことはできるが、身体の一部が囲いを通して又は囲いの外側から危険限界に届くことのない固定囲いをいう。

3 安全型 （規則 131 条の施行通達）

型の開放位置における上型と下型との隙間及びガイドポストとブッシュとの隙間が 8mm 以下のもの等、指が閉鎖部分の間に入ることのない型をいう。

4 安全距離（記号：D）（プ 40 条、安 26 条）

手等の動きを安全装置が検出してからスライドが停止するまでに身体の一部が危険限界に到達するおそれのない安全装置が設置される危険限界からの最短の距離をいう。

5 安全装置

プレス等のスライドの作動中に、作業者の手その他身体の一部が危険限界において障害を被ることを防ぐ目的でプレス等に装着する装置の内固定ガード以外のもの。

6 安全装置の種類 （安 26 条）

インターロックガード式安全装置、開放停止型インターロックガード式安全装置、安全一行程式安全装置、両手起動式安全装置、光線式安全装置、制

御機能付き光線式安全装置（又はPSDI式安全装置)、プレスブレーキ用レーザー式安全装置、手引き式安全装置

7　安全プラグ　（プ31条）

押しボタン等の操作用の電気回路に設けられ、金型の取付け、取外し等の場合に、当該プラグを抜くことにより、操作用の電気回路を開の状態にすることができるものをいう。

8　安全ブロック　（プ 6 条）

動力プレスの金型の取付け、取外し等の作業において、身体の一部を危険限界に入れる必要がある場合に、当該動力プレスの故障等によりスライドが不意に下降することのないように上型と下型の間又はスライドとボルスターの間に挿入する支え棒をいう。

9　一行程

押しボタン等を操作すればスライドが起動し、押しボタン等から手を離しても、また、押し続けてもスライドが運動を継続し一行程後もとの位置に停止する行程をいう。

10　一行程一停止機構　（プ 1 条、安15条）

押しボタン等を押し続けてもスライドが一行程で停止し、再起動しない機構をいう。

11　インターロックガード

ガードを閉じなければスライドが作動しない構造のもので、ガードを開けた後に身体の一部がガードの内側の危険限界に達するまでにスライドの作動を停止できるように安全距離を設定したものをいう。

12　オーバーラン

設定された停止点を越えて停止するクランクシャフト等の運動をいう。

13　オーバーラン監視装置　（プ 26 条）

クランク軸等の滑り角度の異常を検出して停止の指示を行うものをいう。

14　カウンターバランス　（プ 30 条）

コネクチングロッド、スライド及びスライド付属部品の重量を保持するための機構をいう。

15　可変速装置

スライドのストローク数がある設定範囲内で調節できる装置をいう。

16　慣性下降値（プ 46 条）

スライドのオーバートラベル（スリップダウン）の距離をいうものであること。

17　外部電線（プ 13 条）

操作盤と操作スタンドとの間等の電気機器の相互を接続する電気配線をいう。

18　キーロック（プ 31 条）

キーにより主電動機の駆動用電気回路又は起動用電気回路を開の状態に保持するためのものであること。

19　危険限界

身体に危険を及ぼすおそれのあるスライド又は型若しくはそれらの付属部分が作動する範囲をいう。

20　切替えスイッチ　（プ 8 条）

行程の切替え、操作の切替え、操作ステーションの切替を行うスイッチをいう。

21　急停止機構　（プ 2 条）

危険その他の異常な状態を検出して、動力プレスを使用して作業する労働者（以下「プレス作業者」という。）等の意思にかかわらずスライドの作動を停止させる機構をいうこと。なお、急停止機構には、スライドを急上昇させる装置が含まれること。

22　急停止時間（記号：Ｔｓ）（プ 40 条、安 26 条）

プレス機械の急停止機構が作動を開始した時から、スライドが停止するまでの時間をいう。

23　行程の切替え　（プ 8 条）

連続行程、一行程、安全一行程、寸動行程等の行程の切替えをいう。

24　サーボプレス　（プ 32 条）

日本工業規格 B6410（プレス機械－サーボプレスの安全要求事項）に定義されているとおり、サーボシステムによってスライドの作動を制御する動力プレスをいうものであり、プログラムの変更によってスライドの作動の始点及び終点、作動経路並びに作動速度を任意に設定できるものであること。

25　再起動操作

プレス機械の主電動機が停電後通電を開始されたとき又はスライドが停止したとき、再び起動させるための操作をいう。

26　再起動防止機構

スライドが停止したとき、再起動操作を行わなければスライドが起動できない機構をいう。

27　最大停止時間（記号：Ｔｓ＋Ｔｌ）（プ 46 条）

両手操作式安全装置を備えたプレスにあっては、押しボタン等から手が離れた時から、また、光線式安全装置を備えたプレスにあっては、手等が光線を遮断した時からスライドが停止するまでの時間をいう。

28　材料の送給装置等を備えたプレス機械　（安 20 条の 2 ）

加工物の送給、排出のための送給装置又は突出した下型等を備えたプレス機械があること。

29　始動の状態にもどした後　（プ 3 条）

スライドの位置を寸動で始動の位置にした後をいう。

30　身体の一部が危険限界に入らない構造　（プ 1 条）

ストローク長さが６ミリメートル以下のもの、身体の一部が危険限界に入らないよう危険限界の周囲に安全囲いが設けられているもの等の構造をいう。

31　身体の一部がスライドに挟まれるおそれのある場合（安 22 条の 2 ）

スライドの閉じ行程の作動中（低閉じ速度以外の速度による作動に限る。）に身体の一部が危険限界内にある場合をいうこと。

32　自動プレス　（規則 131 条の施行通達）

自動的に材料の送給及び加工並びに製品等の排出を行う構造の動力プレスをいい、当該プレスが加工等を行う際には、プレス作業者等を危険限界に立ち入らせない等の措置が講じられていること。

33　冗長性

２つ以上の装置又はシステムによって、一方がその機能を果たすことができないとき、他方をその機能を果たすためにできることを保障する性質。

34　スライディングピンクラッチ　（プ 18 条）

ポジチブクラッチの一種で、フライホイール又はメインギヤーとクランクシャフト間のクラッチの掛け外しをクラッチピンの着脱により行うものをいう。

35　スライドが誤作動　（プ 11 条、安 9 条）

不意にスライドが作動することだけでなく、作動中のスライドを停止させることができないことも含まれること。

36　スライドが身体の一部に危険を及ぼすおそれのない位置　（プ 36 条、安 1 条）

例えば、スライドが閉じる作動が終了する位置より６ミリメートル手前の位置から閉じる作動が終了する位置までをいう。

37　スライド起動装置

スライドを起動させるために、作業者の手や足により起動操作を行って、制御部に入力する起動信号を生成する装置。両手操作式、片手操作式、フート操作式、制御ガード式、ＰＳＤＩ式等がある。

38　スライドの閉じ行程の作動中　（プ 36 条、安 1 条）

動力プレスによる加工がスライドの下降中に行われる下降式のものにあっては下降中を、スライドの上昇中に行われる上昇式のものにあっては上昇中をそれぞれ示すものであること。

39　スライド落下防止装置　（プ 33 条）

液圧プレスでスライドが停止した時にスライドが自重で落下することを防止するための装置であり、スライドが作業上限で停止したときにスライドが自重で自動的に下降しないよう保持し、スライドを作動させるための操作部を操作したときに自動的にその保持を解除する機能を持つものであること。

40　スライドを固定する装置　（プ 6 条）

機械的にスライドを固定することができるロッキング装置、クランプ装置等があること。

41　スライドを作動させるための操作部　（プ 7 条、安 1 条）

スライドを作動させるものとして、押しボタン、操作レバーのほか、光電式スイッチ等の非機械式スイッチ等があること。

42　寸　動　（プ 5 条）

スライドを作動させるための操作部を操作している間のみ、スライドが作動し、当該操作部から手を離すと直ちにスライドの作動が停止するものをいう。

43　制御ガード

インターロックガードの一種であり、作業者がガードを閉じることによって連動してスライドを作動させることができ、スライドの作動中はガードを開くことができないか又は開くと直ちにスライドが停止するものをいう。

44　制御用電気回路　（プ 11 条）

スライドの作動を直接制御する電気回路をいうこと。

45　操作ステーション　（プ 4 条）

動力プレスのスライドを操作する押しボタン等を備えた装置又は動力プレスを操作する作業者が位置する場所をいう。

46　操作ステーションの切替え

複数の操作ステーションを単数の操作ステーションに又はある位置にある操作ステーションを他の位置の操作ステーションに切替えるなど、操作ステーションの数又は位置を切替えることをいう。

47　操作の切替え　（プ 8 条）

両手操作を片手操作に切り替える場合、両手操作をフートスイッチ又はペダル操作方式に切り替える場合等の操作の切替えをいう。

48　操作用電気回路　（プ 11 条）

制御盤及び操作盤におけるプレス操作用のみの電気回路をいうこと。

49　その構造を容易に変更できないもの　（プ 36 条）

例えば、スライドによる危険を防止するための機構を動力プレスの内部に組み込むこと、溶接により固定すること、所定位置になければスライドを作動することができないようインターロックを施すこと等が含まれること。

50　ダイハイト

ストローク下で、かつ、調節上の状態のときのスライドとボルスター間の距離をいう。

51　遅動時間（記号：ＴＩ）（プ 40 条、安 26 条）

両手操作式安全装置を備えたプレスにあっては、押しボタン等から手が離れた時から、また、光線式安全装置又はＰＳＤＩ式安全装置を備えたプレスにあっては、手等が光線を遮断した時から急停止機構が作動するまでの時間をいう。

52　追加距離　（プ 43 条、安 26 条）

連続遮光幅によって検出機構の検出能力が異なるので、検出能力を加味した必要な安全距離の加算を行うものであること。

53　デーライト

液圧プレス及びサーボプレスで、スライドが最上位限にあるとき、ボルスター上面からスライド下面までの距離をいう。

54　ノルマリクローズド型　（プ 27 条）

通電したときメインバルブが開いてシリンダー内にエヤーを送給し、停電したとき、メインバルブが閉じてエヤーの送給をとめる型のものをいう。

55　ばねリターン型　（プ 27 条）

停電の際、ばねの力によってメインバルブを閉じる型のものをいう。

56　ばね締め型　（プ 24 条）

ばねの力によりブレーキの作動を行う構造をいう。

57　ばね緩め型　（プ 21 条）

空気圧力を開放した際ばねの力で摩擦板を戻しクラッチを切る構造をいう。

58　非常停止装置　（プ 3 条）

危険限界に身体の一部が入っている場合、金型が破損した場合その他異常な状態を発見した場合において、プレス作業者等が意識してスライドの作動を停止させるための装置をいう。

59　ＰＳＤＩ式安全装置　（安 22 条）

プレス機械に使用する安全装置であって、PSDI 機能により、スライドを作動させるための操作部を操作しなくてもスライドを作動させるものであること。

60　ＰＳＤＩ式の安全プレス　（プ 45 条）

身体の一部による光線の遮断の検出がなくなったときにスライドを作動させる機能（以下「PSDI 機能」という。）により、スライドを作動させるための操作部を操作しなくてもスライドが作動するものであること。

61　複式　（プ 27 条）

１個の電磁弁が２個分に相当する機能を有する型のものをいうこと。なお、単一の電磁弁を２個使用するものも含まれること。

62　複式光軸遮光方式光線式安全装置

光線式安全装置において、隣り合った２光軸以上の光軸又は任意の２光軸以上の光軸を同時に遮光した場合に、当該安全装置が有効に作用するものをいう。

63　フリクションクラッチ

スライドのストローク中、どこでも入り切りができるクラッチをいう。

64　プレッシャーリターン型　（プ 27 条）

停電の際、送給されていたシリンダー側の空気圧力によってメインバルブを閉じる型のものをいう。

65　ブレーキモニタ

スライド停止の際に停止位置に関係なく、どの停止位置においてもプレスのブレーキ性能を監視する装置をいう。

66　保持式制御装置　（安 22 条の 2）

操作部を操作している間に限り、スライドが作動し、かつ、維持することができ、操作部の操作を止めるとスライドが停止する制御装置をいう。

また、フートスイッチによる保持式制御装置には、1個又は1組のフートスイッチにより、第1の位置で停止、第2の位置で運転、第3の位置で再停止する機能を備え、第3の位置まで操作を行った場合、第1の操作位置に帰した後でなければ、再起動することができない機能を有するものがある。

67　防振措置　（プ 10 条、安 8 条）

緩衝材を使用する等の措置をいう。

68　ミューティング

行程の一部分において安全装置の機能を無効にする措置。安全装置の上昇無効などをいう。

69　有効距離

光線式安全装置又はＰＳＤＩ式安全装置において、投光器と受光器（反射式にあっては投受光器と反射板）との間でその機能が有効に作用する範囲をいう。

70　有効高さ

光線式安全装置又はＰＳＤＩ式安全装置において、投光器と受光器（反射式にあっては投受光器と反射板）との間にある光軸のうち、末端の光軸中心から他方の末端の光軸中心までの寸法をいう。

71　両手によらない操作を防止するための措置　（プ 39 条）

例えば、スライドを作動させるための操作部間が 300 ミリメートル以上離れているもの、スライドを作動させるための操作部間が 200 ミリメートル以上離れているもの等が含まれること。

72　連続行程

押しボタン等を操作すればスライドは起動し、押しボタン等から手を離しても、また、押し続けても連続してスライドが下降行程及び上昇行程を継続する行程をいう。

73　連続遮光幅　（プ 42 条、安 20 条）

検出機構の検出能力を表すものであり、例えば、連続遮光幅を 30 ミリメートルとした場合は、30 ミリメートル以下の円柱形状の試験片を検出面内にどのような角度で入れても検出機構が検出できるものである。

＊出　典　・プ：動力プレス機械構造規格
・安：プレス機械又はシャーの安全装置構造規格
・規則：労働安全衛生規則
・平成17年３月　構造規格の見直しの推進に関する調査研究報告書
（社団法人産業安全技術協会）

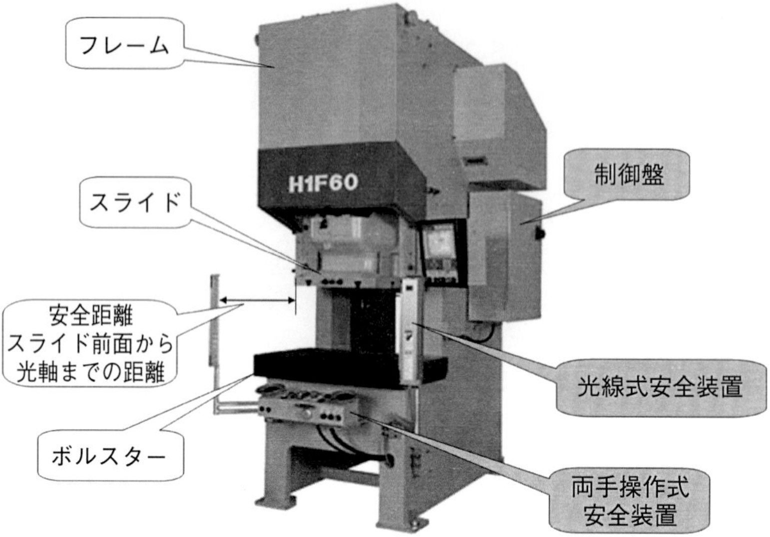

C形シングルクランクプレス

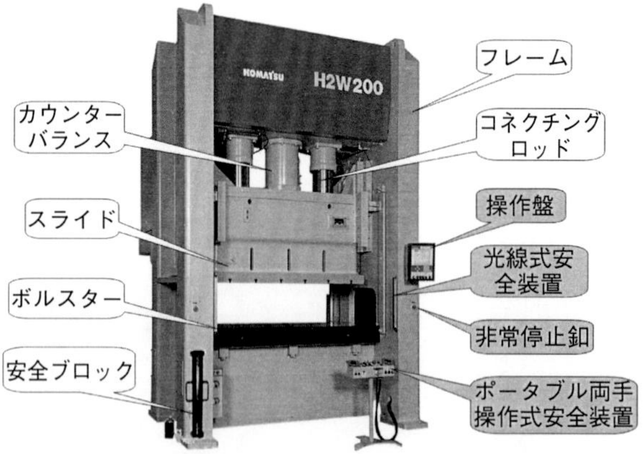

ストレートサイド形ダブルクランクプレス

両手操作式安全装置

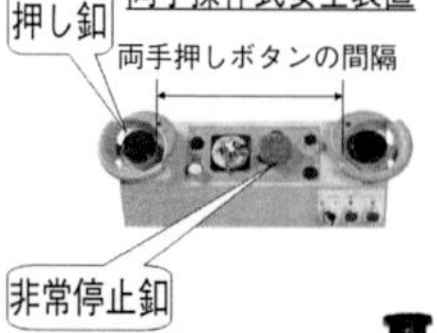

安全ブロック

資料１

動力プレス機械構造規格

（旧規格：昭和46年２月８日労働省告示第２号）

第１章　クランクプレス

第１節　材料、処理等

（材　料）

第１条　クラッチの材料は、次の表の上覧に掲げるクランクプレスの種類及び同表の中欄に掲げるクラッチの構成部分に応じて、それぞれ同表の下欄に掲げる鋼材又はこれらと同等以上の機械的性質を有する鋼材でなければならない。

クランクプレスの種類	クラッチの構成部分	鋼　　材
スライデイングピンクラッチ付きプレス（以下「ピンクラッチプレス」という。）	クラッチピン	日本工業規格G 4102-1965（ニッケルクロム鋼鋼材）に定める２種の規格に適合する鋼材
	クラッチ作動用カム	日本工業規格G 4401-1965（炭素工具鋼）に定める４種の規格に適合する鋼材
	クラッチピン当て金	日本工業規格G 4404-1956（合金工具鋼）に定めるS 44種の規格に適合する鋼材
ローリングキークラッチ付きプレス（以下「キークラッチプレス」という。）	内側のクラッチリング	日本工業規格G 4102-1965（ニッケルクロム鋼鋼材）に定める21種の規格に適合する鋼材又は日本工業規格G 4051-1965（機械構造用炭素鋼鋼材）に定めるS40C若しくはS45Cの規格に適合する鋼材

	中央のクラッチリング	日本工業規格G4102-1965（ニッケルクロム鋼鋼材）に定める21種の規格に適合する鋼材
	外側のクラッチリング	日本工業規格G4051-1965（機械構造用炭素鋼鋼材）に定めるS40C又はS45Cの規格に適合する鋼材
	ローリングキー、クラッチ作動用カム及びクラッチ掛けはずし金具	日本工業規格G4404-1956（合金工具鋼）に定めるS44種の規格に適合する鋼材

（処　理）

第2条　クラッチは、次の表の上欄に掲げるクランクプレスの種類及び同表の中欄に掲げるクラッチの構成部分に応じて、それぞれ同表の下欄に掲げる処理がなされたものでなければならない。

クランクプレスの種類	クラッチの構成部分	処　　　理
ピンクラッチプレス	クラッチピン	焼入れ及び研削
	クラッチ作動用カム	接触部のみ焼入れ
	クラッチピン当て金	焼入れ
キークラッチプレス	内側のクラッチリング	調質
	中央のクラッチリング	焼入れ及び研削
	外側のクラッチリング	調質
	ローリングキー	焼入れ及び研削
	クラッチ作動用カム	調質
	クラッチ掛けはずし金具のうちクラッチ作動用カムに接触する部分	調質

（かたさ）

第3条　クラッチのかたさの値は、次の表の上欄に掲げるクランクプレスの種類及び同表の中欄に掲げるクラッチの構成部分に応じて、それぞれ同表の下欄に掲げる値でなければならない。

クランクプレスの種類	クラッチの構成部分	値
ピンクラッチプレス	クラッチピン	50 以上　58 以下
	クラッチ作動用カム	50 以上　56 以下
	クラッチピン当て金	50 以上　58 以下
キークラッチプレス	内側のクラッチリング	18 以上　25 以下
	中央のクラッチリング	52 以上　56 以下
	外側のクラッチリング	18 以上　25 以下
	ローリングキー	50 以上　58 以下
	クラッチ作動用カム	41 以上　45 以下
	クラッチ掛けはずし金具のうちクラッチ作動用カムに接触する部分	41 以上　45 以下
備考　この表における値は、ロツクウエル C かたさの値をいう。		

（最大回転数）

第４条　クランク軸の最大回転数は、次の表の上欄に掲げるクランクプレスの種類及び同表の中欄に掲げる圧力能力に応じて、それぞれ同表の下欄に掲げる最大回転数以下でなければならない。

クランクプレスの種類	圧力能力(単位　トン)	最大回転数（単位　毎分回転数）
ピンクラッチプレス	20 以下	150
	20 をこえ　30 以下	120
	30 をこえ　50 以下	100
	50 をこえるもの	50
キークラッチプレス	20 以下	300
	20 をこえ　30 以下	220
	30 をこえ　50 以下	150
	50 をこえるもの	100

第2節　構　　造

（クラツチの構造）

第5条　ピンクラツチプレスのクラツチは、クラツチ作動用カムがクラツチピンをもどす範囲をこえない状態でクランク軸の回転を停止させることができるストツパを備えているものでなければならない。

②　前項のクラツチに使用するブラケツトは、その位置を固定するため位置決めピンを備えているものでなければならない。

③　クラツチ作動用カムは、作動させなければ押しもどされない構造のものでなければならない。

第6条　フリクシヨンクラツチ付のプレスのクラツチで空気圧力によつて作動するものは、ばねゆるめ型の構造のものでなければならない。

（ブレーキの構造）

第7条　クランクプレスのブレーキは、ブレーキ面に油脂類が浸入しない構造のものでなければならない。

第8条　空気圧力によつてクラツチを作動するクランクプレスのブレーキは、ばね締め型の構造のものでなければならない。

（バンドブレーキの禁止）

第9条　圧力能力が300トンをこえるクランクプレスのブレーキは、バンドブレーキ以外のものでなければならない。

第3節　ノンリピート装置等

（ノンリピート装置）

第10条　ピンクラツチプレス及びキークラツチプレスは、ノンリピート装置を備えているものでなければならない。

（停止角度）

第11条　ピンクラッチプレス及びキークラッチプレスは、クランクピンの停止角度（クランクピンの上死点と停止点とによるクランク軸の中心の角度をいう）が10度以内となるものでなければならない。

（目盛り装置）

第12条　フリクシヨンクラッチ付きプレスは、見やすい箇所にクランク角度を表示する目盛り装置を備えているものでなければならない。

（急停止装置）

第13条　フリクシヨンクラッチ付きプレスは、急停止装置を備えているものでなければならない。

②　前項のプレスは、急停止装置が作動した場合には、スライドを始動の状態にもどした後でなければ起動できない構造のものでなければならない。

（空圧低下時の安全装置等）

第14条　空気圧力によつて作動するフリクシヨンクラッチ付きプレスは、空気圧力が所要圧力以下に低下した場合に自動的に当該プレスの運転を停止することができる装置を備えているものでなければならない。

②　前項のプレスに使用される電磁弁は、ノルマリクローズド型でプレッシヤリターン型の構造のものでなければならない。

第15条　スライドの調節を電動機で行なうフリクシヨンクラッチ付きプレスは、スライドがその下限をこえることを防止することができる装置を備えているものでなければならない。

（切換えキースイッチ）

第16条　圧力能力が100トンをこえるフリクシヨンクラッチ付きプレスは、切換えキースイツチを備えているものでなければならない。

（ペダル覆《おお》い）

第17条　ピンクラッチプレス及びキークラッチプレスの操作用足踏みペダルは、接触等により当該プレスが不意に起動することを防止するための覆《おお》いを備えているものでなければならない。

第２章　液圧プレス

（急停止装置）

第18条　液圧プレスは、急停止装置を備えているものでなければならない。

②　前項の急停止装置は、液圧プレスのスライドが最大速度で下降している場合にそれを作動させたときの当該スライドに係る慣性下降の値が150ミリメートル以下となるものでなければならない。

③　第13条第2項の規定は、第1項の急停止装置について準用する。

④　第1項の急停止装置を作動させるためのスイッチは、アプライトの前面及び後面にそれぞれ1箇以上取り付けられていなければならない。

（安全ブロック）

第19条　液圧プレスは、スライドが不意に下降することを防止することができる安全ブロックを備えているものでなければならない。

（ポンプ起動時のスライド下降防止）

第20条　液圧プレスは、液圧ポンプの起動によりスライドが自動的に下降する構造のものであつてはならない。

（電磁弁）

第21条　液圧プレスに使用される電磁弁は、ノルマリクローズド型でばねリターン型の構造のものでなければならない。

（過度の液圧上昇防止）

第22条　液圧プレスは、液圧が過度に上昇することを防止することができる安全装置を備えているものでなければならない。

第３章　雑　　則

（銘　板）

第23条　動力によつて運転するプレス機械は、圧力能力、製造年月及び製造者名が表示されている銘板が取り付けられているものでなければならない。

（特殊な構造のプレス機械）

第24条　クランクプレス及び液圧プレスで特殊な構造のもの又はその部分で都道府県労働基準局長が第１章及び前章の規定に適合するものと同等以上の効力があると認めたものについては、この告示の関係規定は、適用しない。

資料2

プレス機械又はシヤーの安全装置構造規格

（旧規格：昭和47年9月30日労働省告示第78号）

第1章　総　　則

（機能）

第1条　プレス機械又はシヤー（以下「プレス等」という。）の安全装置は、次の各号のいずれかに該当する機能を有するものでなければならない。

1　身体の一部がプレス等の危険限界内にあるときは、当該プレス等が起動せず、かつ、プレス等の起動後においては、身体の一部が危険限界に入るおそれが生じないこと。

2　身体の一部がプレス等の危険限界内にあるときは、これを当該危険限界から自動的に排除することができること。

3　身体の一部がプレス等の危険限界に接近したときは、スライド又は刃物若しくは押えの作動を自動的に停止することができること。

（主要な機械部品の強度）

第2条　プレス等の安全装置の本体、リンク機構材、レバーその他の主要な機械部品は、当該安全装置の機能を確保するための十分な強度を有するものでなければならない。

（ゆるみ止め等）

第3条　プレス等の安全装置の締付けボルトは、ゆるみ止めが施されているものでなければならない。

②　プレス等の安全装置のヒンジ部に使用されるボルト、ピン等は、抜け止めが施されているものでなければならない。

（防振措置）

第４条　プレス等の安全装置の電磁継電器、トランジスター等の電気部品の取付け部は、当該電気部品の機能を保持するため、防振措置が施されているものでなければならない。

（外部電線）

第５条　プレス等の安全装置の外部電線は、ビニルキヤブタイヤケーブル又はこれと同等以上の絶縁効力及び耐油性を有するものでなければならない。

（切替えキースイツチ）

第６条　プレス等の安全装置（手払い式のもの及び手引き式のものを除く。）は、切替えキースイツチを備えているものでなければならない。

第２章　各種安全装置

第１節　両手操作式

（ノンリピート装置）

第７条　プレス等の安全装置で両手操作式のもの（以下「両手操作式安全装置」という。）は、ノンリピート装置を備えているものでなければならない。ただし、ノンリピート装置を備えているプレス等に使用される両手操作式安全装置については、この限りでない。

（押しボタン等の間隔）

第８条　両手操作式安全装置は、押しボタン又は操作レバーの間隔を300ミリメートル未満とすることができない構造のものでなければならない。

（押しボタン）

第９条　両手操作式安全装置の押しボタンは、ボタンケースの上面から突出していない構造のものでなければならない。

（プレス機械の掛け合い金具）

第10条　プレス機械の安全装置で両手操作式のものの掛け合い金具は、次の各号に定めるところに適合するものでなければならない。

1　材料は、日本工業規格G 4051-1965（機械構造用炭素鋼鋼材）に定めるS 45C、S 48C、S 50C、S 53C、S 55C若しくはS 58Cの規格に適合する鋼材、日本工業規格G 4102-1965（ニツケルクロム鋼鋼材）に定める規格に適合する鋼材若しくは日本工業規格G 4103-1965（ニツケルクロムモリブデン鋼鋼材）に定める規格に適合する鋼材又はこれらと同等以上の機械的性質を有する鋼材であること。

2　掛け合い部の表面は、焼入れが施され、かつ、そのかたさの値は、ロックウエルCかたさの値で45以上60以下であること。

（復帰用ワイヤロープ）

第11条　プレス機械の安全装置で両手操作式のものの復帰用ワイヤロープは、次の各号に定めるところに適合するものでなければならない。

1　日本工業規格G 3525-1964（ワイヤロープ）に定める規格（おもな用途が動索であるワイヤロープに係る部分に限る。以下第24条第1号において同じ。）に適合するワイヤロープであること。

2　直径は、6.3ミリメートル以上であること。

3　クリツプ、クランプ等の緊結具を使用してレバー、スライド等に確実に取り付けられていること。

（操作用電気回路の電圧）

第12条　プレス機械の安全装置で両手操作式のものの操作用電気回路の電圧は、150ボルト以下のものでなければならない。

（型式の制限）

第13条　プレス機械（スライドの作動中にこれを停止することができる構造のものを除く。）で毎分ストローク数が90未満のものに使用される安全装置は、両手操作式以外のものでなければならない。

第2節　光線式

（表示燈等）

第14条　プレス等の安全装置で光線式のものは、電磁継電器の開離不良その他電気回路の故障を表示するための表示燈又は警報器を備えているものでなければならない。

（投光器及び受光器）

第15条　プレス機械の安全装置で光線式のものの投光器及び受光器は、当該プレス機械のストローク長さ（下死点から280ミリメートルをこえる部分を除く。）の全長にわたり有効に作動するものでなければならない。

②　前項の投光器及び受光器の光軸の数は、次の表の上欄に掲げるプレス機械のストローク長さに応じ、それぞれ同表の下欄に掲げる数以上でなければならない。

プレス機械のストローク長さ（単位　ミリメートル）	光軸の数
70以下	1
70をこえ140以下	2
140をこえ210以下	3
210をこえる場合	4

③　第1項の投光器及び受光器の光軸相互の間隔は、70ミリメートル以下の等間隔でなければならない。ただし、光軸を含む鉛直面とプレス機械の危険限界との水平距離が500ミリメートルをこえるプレス機械に使用される投光器及び受光器にあつては、光軸相互の間隔を90ミリメートル以下の等間隔とすることができる。

第16条　シヤーの安全装置で光線式のものの投光器及び受光器の光軸のシヤーのテーブル面からの高さは、当該光軸を含む鉛直面とシヤーの危険限界との水平距離の0.67倍以下（180ミリメートルをこえるときは、180ミリメートル）でなければならない。

②　前項の投光器及び受光器で、その光軸を含む鉛直面とシヤーの危険限界との水平距離が270ミリメートルをこえるものは、当該光軸と刃物との間に1以上の光軸を有するものでなければならない。

第17条　プレス等の安全装置で光線式のものの受光器は、投光器から照射される光線以外の光線に感応しない構造のものでなければならない。

（型式の制限）

第18条　スライドの作動中にこれを停止することができない構造のプレス機械に使用される安全装置は、光線式以外のものでなければならない。

第３節　手払い式

（防護板）

第19条　プレス機械の安全装置で手払い式のもの（以下「手払い式安全装置」という。）は、手払い棒に、スライドの作動中作業者の両手の安全を確保することができる防護板が取り付けられているものでなければならない。

（手払い棒の調節）

第20条　手払い式安全装置は、手払い棒の長さ及び振幅を調節することができる構造のものでなければならない。

（手払い棒の緩衝物）

第21条　手払い式安全装置は、手払い棒又は防護板が作業者の手等に接触することによる危険を防止するため、これらに緩衝物が取り付けられているものでなければならない。

第４節　手引き式

（手引きひもの調節）

第22条　プレス機械の安全装置で手引き式のもの（以下「手引き式安全装置」という。）は、手引きひもの引き量が調節できる構造のものでなければならない。

（手引きひも）

第23条　手引き式安全装置の手引きひもは、次に定めるところに適合するものでなければならない。

1　材料は、合成繊維であること。

2　切断荷重は、150キログラム以上であること。

3　直径は、４ミリメートル以上であること。

（手引きひも作動用ワイヤロープ）

第24条　手引き式安全装置の手引きひも作動用のワイヤロープは、次に定めるところに適合するものでなければならない。

1　日本工業規格G3525-1964（ワイヤロープ）に定める規格に適合するワイヤロープであること。

2　クリップ、クランプ等の緊結具を使用して手引きひも、レバー等に確実に取り付けられていること。

第３章　雑　　則

（表示）

第25条　プレス機械の安全装置は、次の事項が表示されているものでなければならない。

1　製造者名

2　製造年月

3　使用できるプレス機械の種類、圧力能力及び毎分ストローク数の範囲

4　光線式の安全装置にあつては、使用できるプレス機械のストローク長さの範囲

5　手払い式の安全装置にあつては、使用できるプレス機械の金型の大きさ

②　シヤーの安全装置は、次の事項が表示されているものでなければならない。

1　製造者名

2　製造年月

3　使用できるシヤーの種類

（特殊な構造の安全装置）

第26条　特殊な構造のプレス等の安全装置又はその部分で労働省労働基準局長が前２章の規定に適合するものと同等以上の効力があると認めたものについては、この告示の関係規定は、適用しない。

改正　動力プレス機械・安全装置構造規格等の解説

平成24年２月29日　第１版第１刷発行
令和６年５月29日　　　　　第４刷発行

編　　者　中央労働災害防止協会
発 行 者　平山　剛
発 行 所　中央労働災害防止協会（中災防）
東京都港区芝浦3-17-12　吾妻ビル９階
〒108-0023
電話　販売　03(3452)6401
　　　編集　03(3452)6209
印刷・製本　新日本印刷株式会社

落丁・乱丁本はお取り替えいたします。

ISBN978-4-8059-1399-4　C3032
中災防ホームページ　https://www.jisha.or.jp/